凡◎编著

只要奋斗
你的每一天
都在改变

广东旅游出版社
GUANGDONG TRAVEL & TOURISM PRESS
悦读书·悦旅行·悦享人生
中国·广州

图书在版编目（CIP）数据

只要奋斗，你的每一天都在改变 / 王凡编著. — 广州：广东旅游出版社，2016.2（2024.8重印）

ISBN 978-7-5570-0331-9

Ⅰ.①只… Ⅱ.①王… Ⅲ.①成功心理－通俗读物 Ⅳ.①B848.4-49

中国版本图书馆CIP数据核字（2016）第027471号

··

只要奋斗，你的每一天都在改变
ZHI YAO FEN DOU , NI DE MEI YI TIAN DOU ZAI GAI BIAN

出 版 人　刘志松
责任编辑　李　丽
责任技编　冼志良
责任校对　李瑞苑

广东旅游出版社出版发行

地　　址	广东省广州市荔湾区沙面北街71号首、二层	
邮　　编	510130	
电　　话	020-87347732（总编室）　020-87348887（销售热线）	
投稿邮箱	2026542779@qq.com	
印　　刷	三河市腾飞印务有限公司	
	（地址：三河市黄土庄镇小石庄村）	
开　　本	710毫米×1000毫米 1/16	
印　　张	14	
字　　数	230千	
版　　次	2016年2月第1版	
印　　次	2024年8月第2次印刷	
定　　价	59.80元	

本书若有倒装、缺页影响阅读，请与承印厂联系调换，联系电话 0316-3153358

序 言
PREFACE

这是一个变幻莫测的年代,经济危机,泡沫繁荣,地产奇迹,科技发展日新月异;这也是一个机会不断、奇迹迭出的年代,你可能一夜成名,也可能一夜暴富;同时,这也是一个与人竞争、与天竞争,与一切竞争的年代;这更是一个人人都渴望自我发展、渴望财富、渴望成功,而且极有可能成功的年代!但是,这也是一个遍布了危机和挑战的时代,痛苦和磨难从来没有离开过我们,创业和守成也从来没有如此艰难,个人的成功与梦想如此真切,却又如此遥远。

于是,有些人在通往成功的路上徘徊不前,他们开始抱怨,抱怨命运的不公,感慨生活的不易,可是他们却因此忘了他们内心的目标。在日复一日、年复一年的感慨中生活着,每天都想改变,但改变从未开始,也从未出现。他们忘记了奋斗,他们忘记了努力,直到有一天他们意识到了自己该努力了,却为时已晚。

所以说,没有奋斗的人生是不完整的人生,没有奋斗的人生是失败的人生。许多前人的经验告诉我们：只要奋斗，你的每一天都在改变；早一天奋斗，你的人生就早一天改变。

因此，停止抱怨吧，让积极的能量充满我们的身心，让每天的阳光都伴随我们的成长，让勤奋的努力都有积极的结果，迈着坚定的步伐朝着成功前进！

目 录 CONTENTS

1

鼓起自己对待未来的勇气。那么，看似阴森恐怖、力大无比的东西，只要自己能够坦然面对、冷静处理，最终都能化险为夷，圆满解决。

第三章　自信：相信自己才能战胜自己 / 47

人往往有这样的心理：对自己从未涉及过的领域里的事情总是感到神秘而不可思议，而当自己确实做到了，事后才会惊叹原来这么简单！所以，很多时候，并不是对手有多么强大，而是我们太轻视自己。

第四章　自制:不要让情绪成为你的"滑铁卢" / 67

　　曾经有人就这样一个问题访问了数位世界冠军:"您认为什么样的对手最容易战胜?"他们的回答惊人地一致:"当对手出现恐惧、愤怒时,他们就会丧失战斗力,这时,你已经不用再考虑用什么战术了,因为他们已经被自己击败!"生活中也是这样,当你被自己的情绪所控制,你的任何实力将不复存在,因为,你已经被自己击败!

第五章　勇气:将内心的恐惧一扫而光/87

　　生活就是这样,如果你在每一次关键的时刻选择了恐惧,那么你注定要被自己打败!

第六章　挫折:未来成功的垫脚石 / 109

面对人生的挫折和失意时无条件投降的人不但会失去一切希望,而且会完全遗弃自己,并且会认为自己毫无价值而虚度宝贵的人生。

第七章　坚持：成功就是等到最后／129

很多人失败了，但他们并不是被对手打败，而是他们等不到最后，自己首先选择了放弃！

第八章　心态：从容走出属于自己的天地／153

心态好，就能让我们在生活中找到心灵的慰藉，就如在最黑暗的天空中，我们依旧能或多或少地看到一丝亮光一样。尽管乌云布满了天空，但是我们还是知道太阳仍在乌云上，太阳光终究会照到大地上。

第九章　担当：不找借口，行动至上 / 187

在现实生活中，工作的好坏容不得任何借口，因为失败没有任何借口，人生也没有任何借口。所以，要想人生有所为，我们就要努力去行动、努力去工作，不要在没有完成工作时找任何借口，哪怕看似合理的借口。

第一章

奋斗：停止抱怨，从奋斗开始

与其抱怨生活不快乐，不如想方设法寻找自己的快乐；与其抱怨老板太吝啬，不如努力成为公司里最会赚钱的人；与其抱怨朋友不讲义气，不如打造自己的友情核心力量；与其抱怨爱情不幸福，不如重新征服对方的心……其实，在每一种貌似合理的抱怨背后都有一种更好的选择，那就是——改变自己。

记住：你可以不抱怨

也许贫困的生活像枷锁一样困扰着你，也许各种各样的工作弄得你头都大了，你急切地希望减轻自己身上的沉重负担。然而，负担是如此沉重，使你陷入了黑暗的深渊之中。于是，你不停地抱怨，感叹命运对自己的不公，抱怨自己的父母、自己的老板，抱怨上苍为何让你遭受贫困，却赐予他人富足和安逸。

停止你的抱怨吧，让烦躁的心情平静下来。你所抱怨的并不是导致你贫困的原因，根本原因就在你自身。你抱怨的行为本身，正说明你倒霉的处境是咎由自取。

抱怨使人在世上没有立足之地，烦恼忧愁更是心灵的杀手。缺少良好的心态，如同勒紧了身上的锁链，会将自己紧紧束缚在黑暗之中。

没有人会因为坏脾气和消极负面的心态而获得奖励和提升。仔细观察任何一个管理健全的机构，你会发现，最成功的人往往是那些积极进取、乐于助人，能适时给他人鼓励和赞美的人。身居高位之人，往往会鼓励他人像自己一样快乐和热情。但是，依然有些人无法体会这种用意，将诉苦和抱怨视为理所当然。

一句古老的格言是这样说的："如果说不出别人的好话，不如什么都别说。"这句格言在现代社会更显珍贵——因为几乎所有机构，无论大小，吹毛求疵、流言蜚语和抱怨永不止息。

在我们面前说人是非的人，也一定会在他人面前非议我们。如此，一来一往容易滋生是非，影响公司的凝聚力。所以，与其抱怨公司和老板，不如努力地欣赏彼此之间的可取之处，这样一来，你会发现自己的处境大为改善。

人往往是在克服困难的过程中产生勇气、培养坚毅和高尚的品格的。常常抱怨的人，终其一生都不会有真正的成就。

或许你正住在一间简陋的破屋里，心中梦想着宽大而明亮的殿堂。那么，你首先应该做的是努力将这间小屋变成一个干净整洁的天堂，将你的精神充满这间小屋。

不妨想一想，你喜欢哪一种工作伙伴呢？是那些总在抱怨的人，还是那些乐于助人、有活力、值得信赖的人呢？

抱怨是无济于事的，只有通过奋斗才能改善处境。

抱怨的漩涡，你陷进去了吗

抱怨是一种惰性、一种推脱，企图让他人去承担这个责任，这样心里就会觉得好受一点——我没有能力改变，所以要抱怨。其实，抱怨只是暂时的缓解，而"抱怨"会在"接受"之前拦起一道屏障，而不去"接受"是无法去"改变"的。当我们没有能力去改变时，也就很悲哀地陷入了抱怨的漩涡之中。

工作中，我们经常会遇到许多羁绊和束缚，我们所说的不抱怨，不是要大家无论遇见多难受的事情都沉默和闭嘴，而是要找到更好的解决办法。许多问题都不应该称之为问题，不把这些事情当回事就是最好的解决方法。一件事情，你真不把它当回事的时候，它就没什么大不了的了。遇到不公，内心有愤怒时，就得这样想：这件事情值得我花这么大的气力去计较吗？当然，这取决于一个人的境界，取决于一个人的生活是大是小，也就是说，你还有没有别的维持心理平衡的方式？

袁圆在学校里学的是平面设计，毕业后到一家公司的市场部任职。因为她刚毕业没有工作经验，经理就安排她给娜娜当助手，好尽快熟悉业务。娜娜应该算有经验的老员工了，专门负责策划和方案设计，袁圆很庆幸可以向这样的老师学习。可是没多久，她就发觉自己跟错了师傅。娜娜尽管很有经验，但经理或其他部门常对她的设计方案不满意，要求她修改或者干脆重做。每当这时，她总是不服气，认为责任不在自己，都是对方或相关部门的工作没有做到位，才导致自己的方案做不好的。比如，那次给一家健身中心设计会员卡，第一稿设计图拿过去后，对方反馈太单调了，应该设计得时尚些，娜娜就抱怨销售没有事先带她去跟客户沟通。她认为简洁大方的设计应该适合这类健身中心，但既然客户喜欢花哨的，也就只能照做了。第二稿设计图送过去后，对方还是不满意，觉得跟他们健身中心的风格不一致。为了帮助娜娜更好地了解他们的需求，他们还拿来以前的卡样和其他宣传品给她参考。对于客户的这些具体提示，娜娜不但不感激，反而愈加生气了，回来跟领导说："从来没有见过这么麻烦的客户，有什么要求就不能一次说清楚。上次这么要求，这次又那么要求，反复无常，没有品位。我不管了，谁有本事谁去做好了！"

其实，客户并没有什么不对，只有事先了解对方的喜好，主动沟通，逐步修改，才能做出令客户满意的方案。牢骚满腹不仅使人颓唐，而且导致危险——它在给猛兽发信号：猎物就在你鼻子底下。如果能避免这些无谓的抱怨，接受现实，也许会收获更大的财富。

有一对兄弟是做手工陶艺的，每年做一百多个陶罐，绘上精美的釉彩，做成美轮美奂的艺术品，然后用船运到一个海滨城市，换来一年的口粮，再回到小镇上生活。这一年兄弟俩又出海了，快到岸边的时候，海上起了狂风，恶浪滔天，挣扎着靠了岸后，发现一百多个罐子打得稀烂，成了一堆瓦砾。哥哥号啕大哭，我们一年的口粮钱怎么办？弟弟在哥哥哭泣的时候，一言不发地上岸考察，发现这个城市比想象的还要发达，房地产业蒸蒸日上，家家户户都买了新房正忙着装修呢！弟弟回来的时候，拎了把大锤，把烂罐子砸得粉碎，对哥哥说：咱不卖罐子了，改卖马赛克。最后，一船有着不规则图案的大大小小的瓷片出现在集市上，快被人们抢疯了。就这样，兄弟俩得到的利润比卖罐子多多了。

你看，这就是接受，并且改变的益处！

与其抱怨，不如改变

生活中有很多事不遂人心愿，比如，大学毕业，同学毫不费力地找到了好的工作，而你在求职时却处处碰壁；同事升职加薪，得到领导的赞赏，而你依旧在原来的职位徘徊不前。我们抱怨自己的妻子不够美丽，抱怨自己的丈夫穷困潦倒。可是我们有没有想过，当这些无休无止的抱怨过后，事情不会有任何改变。与其倾倒苦水，不如改变自己。古人说："唯有埋头，乃能出头。"种子如不经过在坚硬的泥土中挣扎奋斗的过程，它将止于一粒干瘪的种子，而永远不能发芽成长为一株大树。同样，如果我们一味去抱怨，而不去奋斗，则永远不会看到希望。

曾经有这样一个故事，一个年轻的农夫，划着小船，给另一个村子的居民运送自家的农产品。那天天气酷热难耐，农夫汗流浃背，苦不堪言。他心急火燎地划着小船，希望赶紧完成运送任务，以便在天黑之前能返回家中。突然，农夫发现，前面有一只小船，沿河而下，迎面向自己快速驶来。眼看两只船就要撞上了，但那只船丝毫没有避让的意思，似乎是有意要撞翻农夫的小船。

"让开，快点让开！你这个白痴！"农夫大声地向对面的船吼叫道，"再不让开你就要撞上我了！"但农夫的吼叫完全没用。尽管后来农夫手忙脚乱地企图让开水道，但为时已晚，那只船还是重重地撞上了他的船。农夫被激怒了，他厉声斥责道："你会不会驾船，这么宽的河面，你竟然撞到了我的船！"当农夫怒目审视对面的小船时，却吃惊地发现，小船上空无一人。听他大呼小叫、厉声斥骂的只是一只挣脱了绳索、顺河漂流的空船。

在多数情况下，当你责难、怒吼的时候，你的听众或许只是一只空船。那个一再惹怒你的"人"，决不会因为你的斥责而改变他的航向。但你一定要清楚，不能让他制造的麻烦转变成你的烦恼，要停止无休止的抱怨，改变自己、改变生活。

面对不如意的生活，你往往会不停地抱怨，在愤怒、指责中不能自制。失控的情绪瓦解了你的意志、摧毁了你的理智，但当一阵阵暴风骤雨过后，你会发现抱怨的对象不会因你的怒火有任何改变，只会令你徒添烦恼。无论你为此有过多少抱怨，他都不会为你而失眠的。如果因为他的过错而使你陷入无尽的烦闷悲伤之中，你就成了唯一受到伤害的人，而且，是你自己在强化这种伤害的深度和长度。所以，与其这样终日抱怨，不如改变自己的现状，让不如意的人生变得绚烂多姿。

看看身边的朋友，再想想自己，有多少人陷入了抱怨的轮回里，每天都被烦恼困扰着。请你跳出来想一想，其实这些烦恼不过是你自己制造的。

一个男孩子，他的父母离异了。家庭的变故使他变得郁郁寡欢，不但学习成绩下降，还动不动就对同学发脾气。也许是为了平衡自己内心的混乱，每天吃完晚饭他都一个人在操场上转圈，一圈又一圈。谁都知道他的痛苦，可是，就是没有人能够安慰他。就在这个时候，班里一个并不起眼的同学杰出现在他的身边。于是，在学校的操场上经常能够看到两个并肩而行的身影。就这样，又过了一段时间，这个男孩子完全从父母离婚的阴影中走了出来。

在前不久的一次同学聚会上见到了杰，当我们提起这段往事的时候，杰微笑着对我们说："其实没什么神秘的，你们并不知道，我父母在我上中学的时候就离婚了。在那段痛苦的日子里，我发奋学习，结果考上了大学。回首那段生活，我发现自己成熟了，独立了，坚强了。我只不过是把自己的这段经历告诉了他而已。"这样的答案让所有人吃惊，因为，整整四年，全班同学没有一个人知道杰的身世，而且，他还一直生活得那么快乐。当大家问他为什么能做到这样时，杰说："家庭的变故也曾给我带来很大的心理创伤，我也痛苦了很久，但突然有一天，我告诉自己不能再这样下去了，痛苦只会让我更加找不到方向，让伤口不断加深，时间在流逝，还有很多事情等着我去做。于是我就用努力学习来充实自己，让自己在一个良好的状态中做最正确的事。现在想想，也正是因为家庭的变故，才成就了今天的我。"

我们需要感谢生活吗？在生活中，很多人会自觉或不自觉地问起这个问题，尤其是当我们面对生活中的种种不如意的时候。其实，当好运来临的时候，我们都会感谢生活；可是，当生活不尽如人意的时候，我们大多数人就会抱怨生活。但是，生活并不会因我们的抱怨而变得美好起来，有的时候，还会因为我们的抱怨而变得更加糟糕。不要再对自己目前的境遇抱怨，不要再对自己所拥有的感到不满意。如果不喜欢一件事，就改变它；如果无法改变它，就改变自己的态度。耶稣说：寻找就必寻见。你所寻找的，你一定会找到。当你抱怨时，你就是用不可思议的念力在寻找自己说不要、却仍然吸引过来的东西（即"吸引力法则"），然后你抱怨这些坏东西，但又引来更多坏东西，由此陷入了"抱怨轮回"。比尔·盖茨说过："人生是不公平的，习惯去接受它吧！"但他紧接着又说："当你抱怨不公平时，是否反省过'我够努力了吗'？"也许，成功造访时就是你改变了自己时。

女孩小丹带着自己精心制作的作品到一家知名的广告公司面试。小丹抽的面试号是最后一个，等待的过程漫长而紧张。为缓解疲劳，小丹向广告公司的接待人员要了一杯温水，而接待人员在给小丹端水时不小心杯子被打翻了，水全部洒到了那张作品上。作品变得皱皱巴巴，原本鲜明的线条也变得模糊了。小丹一下子愣住了。该怎么办，这可是面试时要用到的作品，没有作品她怎么向考官解释她的创意和构思呢？小丹知道现在抱怨接待人员没有用，埋怨自己的运气不好更没有用。稍微冷静了之后，她赶紧向接待人员借来了纸和笔。在有限的时间里，她专心地用一张白纸将自己的作品简单地描绘了一遍，用另一张纸将原作品被淋湿的事情大概地描述了一下。接下来发生的故事就是，小丹从众多的面试者中脱颖而出，被公司录用了。主考官后来跟她说："广告注意创意和变通，你的作品虽然简单，却体现了这一点。"

因此，与其在不如意时一味抱怨，不如尝试着去改变，改变自己，改变现状，也将使生活变得如意起来。

不断奋斗，让梦想照进现实

成功的人都有一个共同的品质，那就是坚守自己最初的梦想，但是，到达成功彼岸的过程却不是一帆风顺的，一些人往往因为途中的困难坎坷而放弃梦想，从而随波逐流，甚至一蹶不振、怨声载道。为什么我们总是说"英雄无用武之地"？为什么我们不改变自己，以便抓住更多更好的机会呢？

一个美国小孩，他的梦想是当一名歌手。为此，他开始练习唱歌，并学习弹吉他。很年轻的时候，他认为自己具备了创作型歌手的实力。但是，没人请他唱歌，也没人欣赏他。他只好退而求其次，去应聘电台音乐节目广播员的职位，但是他失败了。无奈之下，他只好当了一名推销员，靠上门推销各种生活用品以维持生计。

不过，他没有忘记自己的梦想，业余时间仍坚持从事一些与音乐有关的活动。他组织了一个小型乐队，在各个小镇做巡回演出，赢得了一些歌迷的拥戴。后来，他终于灌制了自己的第一张唱片，并且一炮而红。从此，他开始被鲜花与掌声包围，金钱与荣誉随之而来。

或许是成功来得太突然，让他迷失了自我。他开始吸毒，随后又戒毒，频繁出现在戒毒所里。随着毒瘾的加重，他的歌唱事业一落千丈。等他觉醒过来，发现自己的毒瘾已经很深时，他向自己的私人医生求助。医生了解了他的情况后，明确地告诉他："你要戒毒瘾，简直比找上帝还难。"

但医生的话没有吓倒他，他开始了与自己的新一轮战斗。他发誓要戒毒成功，于是把自己锁在卧室中，忍受着常人难以想象的痛苦，最终凭借自己的毅力，战胜了自己。两个多月以后，他成功戒除了毒瘾。不久他重返舞台，用发自内心的声音来歌唱生活，打动了无数歌迷的心。

这个不断战胜自己的人，就是美国的超级歌星——约翰尼·卡许。

童第周是我国著名的生物学家，也是国际知名的科学家。他从事实验胚胎学的研究近半个世纪，是我国实验胚胎学的主要创始人。除此之外，他还曾担任中国科学院学部委员（院士）、山东大学副校长、中国科学院海洋研究所首任所长、中国海洋湖沼学会副理事长、中国科学院生物学部主任、中国科学院副院长、全国政协副主席、山东大学动物系主任兼教授等职。

看到这些头衔，我们不免会心生敬畏，但在童第周成功的背后还有着一些鲜为人知的辛酸经历，可他从没抱怨过生活，因为梦想一直深深扎根在他的心底，走出一条成功之路是他人生的唯一方向，哪怕前进的道路那么曲折、那么令人畏惧，他还是用辛勤的汗水浇灌出了一片成功的事业之林。

童第周出生在浙江鄞州的一个偏僻的小山村里。由于家境贫困，他小时候一直跟父亲学习文化知识，直到17岁才迈入学校的大门。

读中学时，由于他基础差，学习十分吃力，第一学期末平均成绩才45分。学校令其退学或留级。但实现梦想的信念一直鞭策着他，他决定改变自己，努力学习，为了实现目标而使自己更强大。在他的再三恳求下，校方同意他跟班试读一学期。

此后，他就与"路灯"常相伴：天蒙蒙亮，他在路灯下读外语；夜晚熄灯后，他在路灯下自修复习。功夫不负有心人，期末，他的平均成绩达到70多分，几何还得了 100 分。这件事让他悟出了一个道理：别人能办到的事，我经过努力也能办到；世上没有天才，天才是用劳动换来的。之后，这句话也成了他的座右铭。

大学毕业后，童第周去了比利时留学。在国外学习期间，童第周刻苦钻研、勤奋好学，得到了老师的好评。获得博士学位后，他回到了灾难深重的祖国，在极为困难的条件下进行科学研究工作。

没有电灯，他们就在院子里利用天然光在显微镜下从事切割和分离卵子的工作；没有培养胚胎的玻璃器皿，就用粗瓷陶酒杯代替，所用的显微解剖器只是一根自己拉的极细的玻璃丝；实验用的材料——蛙卵都是自己从野外采来的。就在这简陋的"实验室"里，童第周和他的同事们完成了若干篇有关金鱼卵子发育能力和蛙胚纤毛运动机理分析的论文。

解放以后，童第周在担任山东大学副校长的同时，研究了在生物进化中占重要地位的文昌鱼卵发育规律，取得了很大成绩。

到了晚年，他和美国坦普恩大学的牛满江教授合作研究细胞核和细胞质的相互关系，他们从鲫鱼的卵子细胞质内提取一种核酸，注射到金鱼的受精卵中，结果出现了一种既有金鱼性状又有鲫鱼性状的子代，这种金鱼的尾鳍由双尾变成了单尾。这种创造性的成绩居于世界先进水平。

只要心中有方向，就会有强大的力量推动我们迈向辉煌的未来，这种力量就是改变。不要抱怨任何对自己不利的外在条件，改变自己会比任何抱怨更加接近梦想。坚持心中的梦想不断朝目标前进，终有一天会成功。

停止抱怨，放低自己

如果细心的话，我们经常会听到一些人抱怨自己怀才不遇，他们常常自我感觉十分良好，似乎十八般武艺集于一身，就是没有施展的机会。其实，学会适度放低自己，保持谦虚谨慎的做人态度，也不失为一种策略。如果你是千里马，终有一天会被伯乐发现。

台湾女作家杏林子说："现代社会，昂首阔步、趾高气扬的人比比皆是，然而，有资格骄傲却不骄傲的人才真正高贵。"有些员工高估了自己，放不下自己的高身段、高身价，结果总是得不到别人的欣赏。

有一位管理专业的研究生，在他毕业后的三年里，走马灯似的换了好几个单位，但每次都会因为这样那样的原因待不下去，最后只好辞职。

为什么会这样呢？我们看一下他的工作经历：这位研究生毕业后便开始找工作，刚开始时，应聘单位一听说他是研究生毕业，都争相聘请他。于是，他选择了一家不错的单位。但刚到单位第一天，他就颇为不满，因为没有人接待他，领导只让一位同事帮他安排了住宿。他有种受冷落的感觉，心中有些愤愤不平，觉得自己一个研究生，单位居然一点儿都不重视。

带着这种情绪开始工作，自然就免不了处处挑剔。这样一来，手中的工作迟迟做不出什么实质性的成果。三个月后，单位对他的态度急转直下。因为没有创造出价值，领导对他的能力也产生了怀疑。

不仅如此，因为过于骄傲、不合群，同事也开始疏远他，不愿和他一起做事，单位只好将他另外安排到新成立的分公司当经理。这家公司是和别人合作，对方出技术，他们公司出钱。可在双方合作中，他的态度始终非常高傲。他认为那样的技术很平常，哪里都找得到，常常流露出瞧不起对方的样子。最后，双方的合作没有成功，大家不欢而散。分公司也因为他管理不善，没有创造出效益而被撤销。这样一来，他自然也被公司辞退了。

他又到了另外一家公司当部门经理。吸取了上次的教训，这次他表现得对谁都很客气，但从骨子里还是谁也瞧不起。抱着这样的心态，工作自然还是做不好。没多久，他又被辞退了。

之后，他又去过几家单位，但每次都是这样，过不了几个月就被辞退。

其实，这个员工的发展，是被"管理专业研究生"的光环给葬送了。他的内心装满了自己，装满了过去，因此就装不下别人，装不下现在与将来了。

后来，在跟一位职业咨询师交流后，他幡然醒悟。从那以后，他对自己来了一个彻底的"空杯"，一改过去高高在上的个性，也没有了怨天尤人的情绪。

现在，他已经是一家公司的部门经理，成了一个不仅在本单位，而且在方方面面都很受欢迎的中层管理者。

第二章

提问：谁是我们生命中最大的敌人

很多时候，并不是自己被别人打败了，而是被自己打败了！摆正自己对待困难的心态，拿出自己对待问题的信心，鼓起自己对待未来的勇气。那么，看似阴森恐怖、力大无比的东西，只要自己能够坦然面对、冷静处理，最终都能化险为夷，圆满解决。

我们的命运是谁在控制

我们的命运是由我们的内心所决定的，大部分的主动权在我们自己手中。

威尔逊先生和乞丐的故事便说明了这个道理。

威尔逊先生是一位成功的商业家，他从一个普普通通的公司小职员做起，经过几年的奋斗，终于拥有了自己的公司、办公楼，并且受到了人们的尊敬。

有一天，威尔逊先生从他的办公楼走出来，刚走到大街上，就听见身后传来"嗒嗒嗒"的声音，那是盲人用竹竿敲打地面发出的声响。威尔逊先生愣了一下，缓缓地转过身。

那盲人感觉到前面有人，急忙打起精神，上前说道："尊敬的先生，您一定发现我是一个可怜的盲人，我能不能占用您一点儿时间呢？"

威尔逊先生说："我要去会见一个重要的客人，你要什么就快说吧。"

盲人在一个包里摸索了半天，掏出一个打火机，直接放到威尔逊先生的手里，说："先生，这个打火机仅仅卖一美元，这可是最好的打火机啊。"

威尔逊先生听了，把手伸进西服口袋，掏出一张钞票递给盲人："我不抽烟，但我还是愿意帮助你。这个打火机，也许我可以送给那个开电梯的小伙子。"

盲人用手摸了一下那张钞票，发现竟然是一百美元，他用颤抖的手反复抚摸着钱，嘴里连连感激道："您是我遇见过的最慷慨的先生，仁慈的富人啊，我为您祈祷上帝保佑您！"

威尔逊先生笑了笑，正准备走，可是盲人拉住他，又喋喋不休地说："您不知道，我并不是一生下来就瞎的，都是23年前布尔顿的那次事故造成的，太可怕了！"

威尔逊先生一震，问道："你是在那次化工厂爆炸中失明的吗？"

盲人仿佛遇见了知音，兴奋得连连点头："是啊是啊，您也知道？这也难怪，那次光炸死的人就有 93 个，伤的人有好几百，可是头条新闻哪！"

盲人是想用自己的遭遇打动对方，争取多得到一些钱，于是可怜巴巴地说了下去："我真可怜啊！到处流浪、孤苦伶仃，吃了上顿没下顿，死了都没人知道。"他越说越激动，"您不知道当时的情况，火一下子冒了出来，仿佛是从地狱中冒出来的。逃命的人群紧紧地挤在一起，我好不容易冲到门口，可一个大个子在我身后大喊：'让我先出去，我还年轻，我不想死！'他把我推倒了，踩着我的身体跑了出去，我失去了知觉。等我醒来，就成了瞎子，命运真不公平啊！"

威尔逊先生冷冷地道："事实恐怕不是这样吧？你说反了。"

盲人一惊，用空洞的眼睛呆呆地对着威尔逊先生。

威尔逊先生一字一顿地说："我当时也在布尔顿化工厂当工人，是你从我的身上踏过去的。你长得比我高大，你说的那句话，我永远都忘不了。"

盲人站了好长时间，突然一把抓住威尔逊先生，爆发出一阵大笑："这就是命运啊，不公平的命运！你在里面，现在出人头地了，我跑了出去，却成了一个没有用的瞎子。"

威尔逊先生用力推开盲人的手，举起了手中一根精致的棕榈手杖，平静地说："你知道吗？我也是一个瞎子。你相信命运，可是我不信。"

同样遭遇了不幸，有人只能以乞讨混日子为生，有人却能出人头地。这不是命运的安排，而在于个人奋斗与否。

面对自己的不幸，屈服于命运，并企图以此博取别人的同情，这样的人只能永远躺在自己的不幸中，不会有站起来的一天。但不幸并不意味着失去一切，靠自己的奋斗一样可以消除自卑的阴影，赢得别人的尊重。

为什么我们总是被自己打败

现实生活中，是否有人也在过着这样的人生：年轻时意气风发，屡屡去尝试，但是往往事与愿违，屡屡失败。几次失败以后，不是抱怨这个世界不公平，就是怀疑自己的能力。他们不是不惜一切代价地去追求成功，而是一再地降低成功的标准——即使原有的限制已取消，但他们早已经被生活撞怕了，不敢再跳，或者已经习惯了，不想再跳了。人们往往因为害怕去追求成功，而甘愿忍受失败者的生活。

有一位叫灵的姑娘大专毕业后在一家跨国公司找到了一份办公室文案的工作。室友们在为灵高兴的同时，更多的是惊奇：当初这家公司在报纸上刊登的招聘启事，她们都看到了，但是前去应聘的只有灵一个人。因为招聘启事上清清楚楚写着：招聘文秘或中文等相关专业的大学本科毕业生。而灵她们只是专科生，且所学的会计专业与该公司要求的专业丝毫搭不上边。可灵却认为这是个机会，她一直喜欢写写涂涂，并经常有大大小小的文章发表于各类报纸杂志。虽然她知道当今一纸文凭在求职中的分量，但是文凭不能说明一切，关键还要看一个人在实际工作中的能力，她相信自己能胜任这份工作。于是，在室友们不解的目光中，灵捧着自己的简历以及多年来发表的作品前去应聘。据说，那次的竞聘相当激烈，在高手如林的竞聘者中，灵是唯一的专科生，且专业不对口。然而，灵却脱颖而出了。

两年后，灵的室友仍有为找工作而东奔西走的，而此时的灵已是高级白领，拿着高出同龄人许多倍的工资。灵知道，自己能有今天，不仅是因为自己能胜任这份工作，还在于那种敢于尝试的勇气。

许多时候，打败自己的并不是我们的对手，恰恰是我们自己。

很多人不敢去追求成功，不是追求不到成功，而是因为他们的心里默认了一个"高度"，这个高度常常暗示自己的潜意识：成功是不可能的，这个是没有办法做到的。"心理高度"是使人无法取得伟大成就的根本原因之一。

我要不要跳？能不能跳过这个高度？我能不能成功？能有多大的成功？这一切问题都取决于自我设限和自我暗示！一个人在自己的生活经历和社会遭遇中，如何认识自我，在心里如何描绘自我形象，也就是一个人认为自己是个什么样的人——成功或是失败的人，勇敢或是懦弱的人——将在很大程度上决定自己的命运。你可能渺小，也可能伟大，这都取决于你对自己的认识和评价，取决于你的心理态度如何，取决于你能否靠自己去奋斗。

所以，尽管你的一生会出现无数个对手，他们会用各种方式向你挑战，但到了最后，自己的心理与态度才是取得成功最重要的因素。

打败自己内心的敌人

对于我们的内心来说，一般存有两股力量，一股力量使我们觉得自己天生是来做伟人的，另一股力量却时时提醒我们"你办不到"。这样一对矛盾的内部力量的斗争，在我们遇到困境与失败时，会变得更加激烈。我们每个人最大的敌人是自疑和害怕失败。它们经常扯我们的后腿，不让我们去尝试，或在失败后给我们以打击；它们吸取我们的能量，使得我们只能使用我们真正能力的一小部分。

在生活中，我们可能会遇到许多挫折与困难，而且还会经历失败，但要想使自己不垮下去，我们首先要做的便是：战胜自己。有人说：唯一避免犯错和失败的方法就是什么事都不做。有些错误与失败确实会造成非常严重的影响，所谓"一失足成千古恨，再回头已百年身"。然而，"失败乃成功之母"。没有失败、没有挫折，便无法成就伟大的事业。聪明的人会从失败中吸取教训、总结经验。而失败者一再失败，却不能从中获得任何教训，反而对自己越来越没有信心。

在许多时候，在我们的征途中，我们会觉得一切都完了，像生活走到了尽头，像人生的音乐从自己的生活中消失了。但是音乐依然在我们心中。不论在什么时候，不论在哪里，也不论我们的环境如何，我们的遭遇有多么不幸，生活的音乐始终不会不见。它就在我们的内心，只要我们注意听，就会发现它的美妙。华盛顿·欧文说："思想浅薄的人会因为生活的不幸而变得胆小和畏怯，而思想伟大的人则只会因此而振作起来。"我们要想一直在通往成功的道路上前行，永远相信自己的能力是至关重要的。

当然，这并不是要求你喜欢面对困难和不幸，但聪明的人会把它当作成长的机会。自信的人喜欢这种奋斗，因为他们知道，这是发展性格最好的方法。他们了解这些困难有助于建立勇气和恢宏的气度。自信心是战胜困难的关键。

实际上，自信的力量是无法用语言表达清楚的，在我们的成长过程中，自信始终伴随着我们。在我们跨出第一步时，我们就相信自己会走；在我们说出第一句话之前，我们就相信自己会说。因为我们先相信，所以我们会去完成它。反之，如果我们根本不相信，那我们就不会去行动，而许多机会便会这样从身边悄悄溜走。

自信的关键是自律。自信使我们能以智力、体力来迎接任何挑战，但那只有在我们能完全控制自己时才能达成。我们每个人都应该克服自疑的心态，而使自己的潜能发挥到极致。我们不能等那个不肯定的自我给我们允许才行动，我们可以勇往直前地去做。

"上帝允许我接受我不能改变的事，给我勇气去改变我能改变的事，并给我智慧去区分它们的不同。"这个古老的祷告有助于我们分辨出自己该在何处用力，该在何处适可而止。有些限制是真的，不是靠你的毅力可以改变的。尼尔·奥斯汀天生一双变形的手，他的父亲说："儿子，你是绝对没办法靠你的双手维生的，所以你最好尽力发展你的脑子。"尼尔承认并接受了自己的"限制"，成为了图书馆界的领导者和受欢迎的作家。

那些愤怒的跟天生限制过不去的人经常会变得刻薄和有挫折感，从而慢慢失去自信。因为他们怀有不真实的理想，所以经常会有"方桌腿放进圆洞中"的感觉。他们把一生的时间都花在无力改善或只能有限改善的事情上。经常的失败会把他们打垮，使他们失去起码的自信。这种人把所有的精力都投注在"不可能的梦想"上，遭受打击是难免的。当然，"不可能的梦想"有时是伟大的和令人振奋的，但如果穷尽一生之岁月来追求一个不可能的梦想则是下下策。人们应该善于用"实际的梦想"来代替那种"不可能的梦想"，从而实现自我，取得成功。

试着去挣脱命运的枷锁

乔治·萧伯纳创作的杰出戏剧，不仅使他获得"20世纪的莫里哀"之称，而且，"因为他的作品具有理想主义和人道精神，其令人激动的讽刺，往往蕴含着独特的诗意之美"，又使他于1925年获得了诺贝尔文学奖。

乔治·萧伯纳出身贫寒，但他没有屈服这种恶劣的环境，15岁便开始谋生，工作之余在美术馆、博物馆如饥似渴地填充自己富有想象的头脑，这种精神与很多人迷信人的宿命论比较起来，是多么的高贵。

大象，是世界上最强壮的动物之一，当一头年轻的野生大象被抓到时，猎手们会用金属圈套住它的腿，然后用链子捆到附近的榕树上。自然，大象会一次又一次地试图挣脱，但尽管它做出了巨大的努力，还是不能成功。几天挣扎并且伤了自己之后，它意识到自己的努力是徒劳的，最后就放弃了。从此刻起，这头大象再也没有挣脱过，即使"困住"它的只是一条小绳和木桩。

研究者发现，在一种被称为梭鱼的鱼类中也存在僵化的倾向。通常情况下，梭鱼会攻击在它范围内游泳的鲦鱼。有这样一个实验，研究者们把一个装有几条鲦鱼的无底玻璃罐放入有一条梭鱼的水箱中。这条梭鱼立刻向罐子里的鲦鱼发动了几次攻击，结果它敏感的鼻子狠狠地撞到了玻璃罐壁上。几次惨痛的尝试之后，梭鱼最终放弃，并完全忽视了鲦鱼的存在。玻璃罐被拿走后，鲦鱼们可以自由自在地在水中四处游荡，但即使当它们游过梭鱼鼻子底下的时候，梭鱼也继续忽视它们。因为一个建立在错误信念基础之上的死结，这条梭鱼会不顾周围丰富的食物而把自己饿死。

这两个试验是否给了你某些启示呢？当人类也像其中的大象和鱼一样进入了一个圈套，当他们不能够挣脱的时候，就会选择顺从和视而不见。一位教授曾说过，人类的思维过程其实就是自己为自己下套，当人们钻进了禁锢自己的圈套而产生思维定式时，人类的思想就再也无法自由了。

很多人突破不了思维定式，所以他们走不出宿命般的可悲结局；而一旦突破了思维定式，也许就可以看到许多别样的人生风景，甚至可以创造新的奇迹。因此，从舞剑可以悟到书法之道，从蝙蝠可以联想到电波，从苹果落地可以悟出万有引力……常爬山的应该去涉水，常跳高的应该去打打球，常划船的应该去驾驾车，常当官的应该去为民……换个位置，换个角度，换个思路，也许我们面前会出现一片新天地。

其实，在每个人的内心，失败的种子永远存在着，除非你介入其间将它砸毁。一个人体验到空虚之后，空虚就会成为避免努力、避免工作、避免责任的方法，也因此成为随波逐流生活的理由与借口了。

有人是"注定"要倒霉的，从这句话中，你会了解到，潜意识会把破坏性或负面的思考动力转化为实质的对应事物，正如潜意识会遵循并奉行正面或建设性的思考动力一样。正是这种心理导致出现了上百万人指称自己"不幸"或"倒霉"的奇怪现象。

有数百万的人会自以为"注定"要贫穷落魄，因为他们相信有某种奇特的力量超乎他们的掌握。他们是创造自己"不幸"的人，因为这一负面的思想，让潜意识接收从而转化为实质的对应事物了。

再次提醒你，只要你将想象转化为实质事物、把成功的渴望传输给潜意识，并满怀期待、由衷相信，转化的过程终将发生。你的信心、你的信念，正是主宰潜意识行动的因素。当你对潜意识进行暗示的时候，没有人能够阻挡你去"欺骗"你的潜意识。我们都可以化失败为胜利。请你从挫折中吸取教训，好好利用，就可以对失败泰然处之了。

只有自己才能救自己

生活是不公平的，因为我们至今还没有看到一个完全公平的社会制度。在不断的生活斗争中，每一个人都会陷入成功与失败的漩涡中，在不断挣扎与抗争中，成功者选择自己拯救自己，因为他相信在不断与生活进行着抗争时，只有自己能拯救自己，只要有一丝的抗争勇气，就有一丝的成功希望。

在崎岖的生活之路上，我们需要不断地与环境斗争。其实，敌人已经那样了，关键在于你是否已经从心底否定了自己，要是这样，再舒适的环境也不会造就一个成功者。

有两个人同时到医院看病，并且分别拍了 X 光片，其中一个原本就得了癌症，另一个只是做例行的健康检查。

但是由于医生取错了片子，结果给了他们相反的诊断。那一位病况不佳的人，听到自己身体已恢复，满心欢喜，经过一段时间的调养，居然真的完全康复了。

而另一位本来没病的人，经过医生的宣判，内心起了很大的恐惧，整天焦虑不安，失去了生存的勇气，意志消沉，抵抗力也跟着减弱，结果真的生了重病。

看到这则故事，真的是哭笑不得，因心理压力而得重病的人是该怨医生，还是怨自己呢？乌斯蒂诺夫曾经说过："自认命中注定逃不出心灵监狱的人，会把布置牢房当作唯一的工作。"那个健康的人以为自己得了癌症，于是便陷入身患不治之症的恐慌中，脑子里考虑得更多的是"后事"，哪里还有心思寻开心，结果被自己打败。而真的癌症患者却用乐观的力量战胜了疾病，战胜了自己。

更多的时候，人们不是败给外界，而是败给自己。俗话说："哀莫大于心死。"绝望和悲观是死亡的代名词，只有挑战自我、永不言败者才是人生最大的赢家。

战胜自己就是最大的胜利。工作不顺利时，我们常常会找种种借口，认为是领导故意刁难，把不可能完成的工作交给自己；认为最近健康状况欠佳，才导致工作效率不高……心想偷懒，却把偷懒理由正当化，总认为期限还有三天，明天、后天拼一下，今天不妨放松一下。

实际上，战胜困难要比打败自己相对容易，所以有人说："我"是自己最大的敌人。战胜自己靠的是信心，人有了信心就会产生力量。

人与人之间、弱者与强者之间、成功与失败之间最大的差异就在于意志力量的差异。人一旦有了意志的力量，就能战胜自身的各种弱点。

生命的价值在于什么

生命的价值在于探索。因此，生命的唯一养料就是冒险。

一个孩子到一座废弃的楼房里玩耍，听见一阵阵悲伤的哭泣声传来。孩子循声找去，在一个角落里，有一个四四方方的铁笼，里面囚着一个瘦得皮包骨头的人，哭泣声就是他发出来的。"你是谁?"孩子问。"我是我的生命。"那人说。"谁把你关在这里的?"孩子问。"我的主人。""谁是你的主人?""我就是我的主人。""嗯?"孩子不明白了。"我是自己把自己囚禁起来了。当我欢笑着企图在人世间展示我生命的欢乐时，我发现我有可能一不小心落入陷阱，一不小心误入黑暗之中，一不小心被狂暴风雨袭击、被险风恶浪吞噬，于是我用害怕做经，用懦弱作纬，用安全做成铁笼，把我的生命囚禁了起来。我不敢也无法冲出铁笼去面对生活，我只有日复一日地哭泣，我的整个生命已经化作泪水流出，不久就会干枯了。"铁笼中的生命说。孩子不明白他唠唠叨叨地说些什么，只是想着：砸碎这铁笼，放出这个快要干枯而死的生命。于是他找来一把大榔头，拼足力气，向铁笼砸去，一下，两下，三下……孩子累得精疲力竭，也无法砸开铁笼。被囚的生命对孩子顿生怜悯之心："唉，把榔头给我，让我自己砸开它吧。"话音未落，铁笼顿时散开。被自己放开的生命欢笑着，奔跑着，他跳进滚滚大河，游向对岸；他攀向巍巍峰顶，向太阳招手；他冲进一片黑暗领地，从中寻求着光明……他敢于冒别人没冒过的险，敢于探索别人不曾涉入的领地，他开始丰润了、充实了，他的笑声无时无刻不在追随着他。

一天，孩子又遇见了这个生机勃勃的生命，"你的变化好大呀！"孩子说。

"是呀！"这个生命说，"我的乐趣就在于探索和冒险，当我在充满未知和危险的世间寻求时，我就变成了现在这样，假如我企图寻求一个生命的保险箱时，我就会再次被囚。孩子，跟我一起走吧！"于是孩子和这个欢笑着的生命手拉手地走了。

我们追溯着命运，在物质中，在心灵中，在道德中，在种族中，在阶级中，同样，也在思想和性格之中。无论在哪里，它都是束缚与局限。然而命运自己也有主人，局限性本身也有局限。从上观察和从下观察，从里观察和从外观察，它们自身也不尽相同。这是因为，尽管命运是无穷无尽的，可力量也是无穷无尽的。如果说命运紧逼着力量、限制着力量，那么力量也伴随着命运，反抗着命运。我们必须尊崇命运为自然的历史，可是历史决不仅仅限于自然的历史。

如果我们生活得真实，那么在我们眼中显现的也只有真实，那就像强者永远坚强，而弱者只能软弱一样。现在的人越来越胆小怕事，整天一副内疚的样子，好像犯下了什么滔天大罪似的。刚强的气质已经弃他而去了，他再也不敢说"我认为""我就是"这些掷地有声的语言了，而只会引经据典，用自己的嘴巴去说别人的语言。面对着一片草叶或一朵盛开的玫瑰花，他也气馁万分，无地自容。

然而，有人却总是生活在过去，他牢固地把持着记忆，不肯放松，哪怕是很短的一会儿工夫，所以，他不是生活在现在，而是眼睛向后，在为过去而伤怀不已；要么，他就对周围的财富置之不理，却使劲地踮起脚尖，对未来的日子想入非非。我们必须警告他，如果他不跟大自然一起超越时间，从现在开始生活，那么，他永远也不会快乐，也永远不会坚强。

你也有一种成功的潜质

阿尔贝·加缪作为法国小说家、剧作家、哲学家，"由于他那以敏锐而热切的目光洞察了我们这时代人类良心的种种问题的重要文学著作"，而获得了1957年的诺贝尔文学奖。

阿尔贝·加缪出生于阿尔及利亚蒙多维一个普通的农业工人家庭，长期奋斗而来的成就使他清楚地认识到，一个人的成功、一个人的命运并不取决于外部环境的好坏，任何一个有生命的人，都有一种成功的本能。

有这样一个看似古怪却不容否认的事实：数十年前，科学家们还搞不清楚人的大脑和神经系统到底是怎样在"有目的"地工作，如何达到其目标。他们通过长期而细致的观察认识到了某些现象，但是没有任何一种理论总结出各种原则，以把这些现象联系成一个有意义的概念。

然而，当一个人亲自动手建造"电脑"、构思自身追求目标的机制时，他必须发现和利用某些基本原则。在发现这些原则后，科学家不禁反躬自问：人脑是否也可能以同样的方式工作？造物主在创造人类时，是否也赋予我们一套比人类所梦想的电脑或制导系统更具奇特威力，但根据同样的原则发生作用的辅助机制？著名的控制论科学家，如罗伯特·威纳博士、约翰·冯·纽曼博士等人，对这些问题的回答是肯定的，只不过这些还鲜为人知罢了。

每一种生物都有一套内在的制导系统或者目标导航系统，造物主把它放在生物体的内部，以帮助它实现目标——这个目标广义地说就是"生存"，对人和其他生物体来讲都是如此。在比较简单的生命形式中，"生存"的目标仅仅指个体与种族的实体存在。动物的内在机制仅仅限于寻找食物和住处，躲避或战胜天敌和自然灾害，通过繁殖来保证种族的延续。

对于人来说，"生存"不仅仅意味着活下来，人还具有某种情感和精神需求，这是动物所不具有的。因此，"生存"对于人来说，超过了肉体的存在与种族的繁衍，人还需要某种情感和精神方面的满足。人的内在"成功机制"的内涵也比动物的要大——除了帮助人躲避或战胜危险，除了产生"性本能"以实现种族繁衍外，人的内在的成功机制还能够帮助人解答难题、发明创造、求得心境的安宁、培养良好的个性，并在与他的"生存"或追求完美生活的其他一切活动中取得成功。

对于动物来讲，它们都有一种成功的"本能"。例如，松鼠不用教就能采集果实，就能把果实囤积起来过冬。因此，松鼠虽然从出生以来就没有领略过冬天的寒冷，但是秋天一到，我们就可以看到它们忙于采集果实，以备冬季享用。小鸟不用教就能筑巢、就能飞行，甚至能飞行数千里，飞越茫茫大海。

为了解释这些现象，我们通常说动物具有某种引导它的"本能"，分析这些本能就可以发现，它们帮助动物成功地适应了生存的环境。简言之，动物有一种"成功本能"。但是，我们似乎忽略了这样一个事实：人也有一种成功的本能，而且比其他任何动物的本能更为奇特、更为复杂。

动物不能任意选择目标，它们的目标（自我保护和繁衍）可以说是既定的。它们的成功机制也仅仅限于这些既定对象，这也就是我们所说的"本能"。人则与动物不同，人具有动物所没有的东西——创造性想象力。因此，人作为万物之灵不仅仅是一个被创造者，而且是一个创造者。人利用想象可以为自己设计不同的目标，并努力去实现这些目标。只有人，才能利用想象力去引导自己的成功机制。

当你从事创造性工作时——无论是销售商品、经营企业、创作诗词、改善人际关系，还是其他事情，如果心里有一个目的、一个要实现的结局和一个"目标"答案的话，它可能模糊不清，但最终必须能够辨认出来。如果你对工作认真，就要有强烈的欲望，一开始也必须从各个角度周密地考虑问题——你的创造性机制就要开动——它在这里选择一个意念，在那里找出一个事实，把一系列过去的经验加以联系——或者说，把它们结合为一个有意义的整体，使你欠缺的地方得以弥补，完成你所需要的方程式，或者"解决"你的问题。当这个答案浮现在你的意识中时，你可能正在思考别的问题，甚至像你的意识休眠时出现的一种梦幻，你觉得有某种东西"咔嚓"一声出现，你立刻"认识到"这就是你所寻找的答案。

我们每个人都由自己主宰着走向成功，并且都有一种超越自身的力量，这就是"你自己"。引导和开发你的成功潜能必须有行动来支持，你必须运用以下五大基本原则：

（1）成功的本能需要有一个目标。

（2）"本能机制"会为你提供方法。

（3）勇敢地让你的"本能机制"运转下去。

（4）学会经历各种事情。

（5）最后，你必须相信自己的才能。

乐观能改变命运

　　人生如同一只在大海中航行的帆船，掌握帆船航向与命运的舵手便是自己。有的帆船能够乘风破浪，逆水行舟；而有的却经不住风浪的考验，过早地离开大海，或是被大海无情地吞噬了。之所以会有如此大的差别，不在别的，而是因为舵手对待生活的态度不同。前者被乐观主宰，即使在浪尖上也不忘微笑；后者是悲观的信徒，即使起一点儿风也会让他们胆战心惊，让他们祈祷好几天。一个人或是面对生活闲庭信步，抑或是消极被动地忍受人生的凄风苦雨，都取决于对待生活的态度。

　　生活如同一面镜子，你对它笑，它就对你笑；你对它哭，它也以哭脸相示。

　　悲观主义者说："人活着，就有问题，就要受苦；有了问题，就有可能陷入不幸。"即使遭遇一点点的挫折，他们也会千种愁绪、万般痛苦，认为自己是天下最苦命的人。一如英国哲学家罗素所形容的"不幸的人总是认为自己是不幸的"。悲观主义者用不幸、痛苦、悲伤做成一间屋子，然后请自己钻了进去，并大声对外界喊着："我是最不幸的人。"因为自感不幸，他们内心便失去了宁静，于是不平、嫉妒、虚荣、自卑等悲观消极的情绪应运而生。是他们自己抛弃了快乐与幸福，是他们自己一叶障目，视快乐与幸福而不见。

　　乐观主义者说："人活着，就有希望，有了希望就能获得幸福。"他们能于平淡无奇的生活中品尝到甘甜，因而快乐如清泉，时刻滋润着他们的心田。

　　一个人快乐与否，不在于他处于何种境地，而在于他是否持有一颗乐观的心。对于同一轮明月，在愁绪满怀的张继那里就是："月落乌啼霜满天，江枫渔火对愁眠。此去经年，应是良辰好景虚设。"而到了潇洒飘逸、意气风发的苏轼那里，便又成为："但愿人长久，千里共婵娟。"同是一轮明月，在持不同心态的人眼里，便是不同的，人生也是如此。

上天不会给我们快乐，也不会给我们痛苦，它只会给我们生活的作料，调出什么味道的人生，则只在于我们自己。你可以选择一个快乐的角度，也可以选择一个痛苦的角度去看待它，同做饭一样，你可以做成苦的，也可以做成甜的。所以，你在生活中是笑声不断，还是愁容满面；是披荆斩棘，勇往直前，还是畏首畏尾，停滞不前，这不在他人，都在你自己。

乐观是一个指南针，可以让你驶向成功的彼岸；乐观是一剂良药，可以医治苦难的伤痛。为了美好的人生，请让乐观主宰你自己！

人生旅程，也可以很精彩

一对老夫妇省吃俭用地将 4 个孩子扶养长大。岁月匆匆，他们结婚已有 50 年了，拥有极佳收入的孩子们正秘密商议着要送给父母什么样的金婚礼物。

由于老夫妇喜欢携手到海边享受夕阳余晖，孩子们决定送给父母最豪华的"爱之船"旅游航程，好让老两口尽情徜徉于大海的旖旎风情之中。

老夫妇带着头等舱的船票登上了豪华游轮。可以容纳数千人的大船令他们赞叹不已，而船上更有游泳池、豪华夜总会、电影院等，真令他们俩感到无限惊喜。

美中不足的是，各项豪华设施的费用皆十分昂贵，节俭的老夫妇盘算着自己不多的旅费，细想之下，实在舍不得轻易去消费。就这样，他们只得在头等舱中安享五星级的套房设备，或流连于甲板上，欣赏海面的风光。

幸好他们怕船上伙食不合胃口，随身带着一箱方便面，现在既然吃不起船上豪华餐厅的精致餐饮，只好以方便面充饥，间或想变换口味吃吃西餐，便到船上的商店买些面包和牛奶。

到了航程的最后一夜，老先生想，若回到家后，亲友邻居问起船上餐饮如何，自己竟答不上来，也说不过去。和太太商量后，老先生索性狠下心来，决定在晚餐时间到船上餐厅用餐，反正是最后一餐——明天即是航程的终点，也不怕宠坏了自己。

在音乐及烛光的烘托之下，欢度金婚纪念日的老夫妇仿佛回到了初恋时的快乐时光。在举杯畅饮的笑声中，用餐时间已近尾声，老先生意犹未尽地招来侍者结账。

侍者很有礼貌地问老先生："能不能让我看一看你的船票？"

老先生闻言不由得生气，"我又不是偷渡上船的，吃顿饭还得看船票？"嘟囔中，他还是拿出了船票。

侍者接过船票，拿出笔来，在船票背面的许多空格中划去一格，同时惊讶地问："老先生，你上船以后，从未消费过吗？"

老先生更是生气，"我消不消费，关你什么事？"

侍者耐心地将船票递过去，解释道："这是头等舱的船票，航程中船上所有的消费项目，包括餐饮、夜总会以及其他消费，都已经包括在船票内，您每次消费只需出示船票，由我们在背后空格注销即可。老先生您……"

老夫妇想起航程中每天所吃的方便面，而明天即将下船，不禁默然相对。

我们是否曾经想过，在我们来到世界的那一刻，上天已经将最好的头等舱船票交给了我们。是的，我们完全可以在物质上、心灵上享有最豪华的待遇，只要我们愿意出示船票。更重要的是，千万不要浪费了本来属于我们的头等舱船票。

当然，也有许多人在他的一生，只是过着犹如借方便面充饥一般的生活。这并非他们应有的"船票"，但他们未曾想到去使用，或根本不知道船票的价值。甚至当有人好意提示时，还像那位老先生一样大发雷霆。

现在，我们应该已十分明白自己的价值了。在我们懂得运用自己的优势之后，别忘了顺便扮演侍者的角色，提醒我们周围的人也能够清楚自己的价值。可不要像老夫妇的孩子们一样，只给了头等舱船票，但未告知其用途。

其实，我们可以拥有最豪华的人生旅程，如同侍者所做的提醒，我们已被正式通知了。

做自己境遇的主人，无论顺逆

在古希腊神话中，有一个西西弗斯的故事。西西弗斯因为在天庭犯了法，被天神惩罚，降到人世间来受苦。对他的惩罚是：要推一块石头上山。每天，西西弗斯都要费很大的劲儿把那块石头推到山顶，然后回家休息，可是，在他休息时，石头又会自动地滚下来，于是，西西弗斯又要把那块石头往山上推。这样一来，西西弗斯所面临的就是永无止境的失败。天神要惩罚西西弗斯的，也就是要折磨他的心灵，使他在"永无止境的失败"命运中，受苦受难。

可是，西西弗斯不肯认命。每次，在他推石头上山时，天神都打击他，用失败去折磨他。西西弗斯不肯在成功和失败的圈套中被困住，他在面对绝对注定的失败时，表现出明知失败也绝不屈服的抗争意志。天神因为无法再惩罚西西弗斯，就放他回了天庭。

西西弗斯的事例可以解释我们一生中所遭遇的许多事情，其中最关键的是：生活中的困难都是有"奴性"的，如果我们凭自己的努力战胜了它，我们便是它的主人，否则我们将永远是它的奴隶。

顺境固然好，它可以让你毫不费力地到达自己理想的彼岸，但如果一个人处于逆境之中该怎么办？其实，只有秉着信念之灯继续前行，我们才能真正到达阳光地带——我们的目的地。正如大多数成功者所坚信的那样："我知道我不是境遇的牺牲者，而是它们的主人。"

在一次记者招待会上，一名记者问美国副总统威尔逊"贫穷是什么滋味"时，这位副总统向来宾讲述了一段他自己的故事。

"我在 10 岁时就离开了家，当了 11 年的学徒工，每年可以接受一个月的学校教育。最后，在 11 年的艰辛工作之后，我得到了 1 头牛和 6 只绵羊作为报酬。我把它们换成了 84 美元。从出生一直到 21 岁那年为止，我从来没有在娱乐上花过 1 美元，每个美分都是经过精心算计的。我完全知道拖着疲惫的脚步在漫无尽头的盘山路上行走是什么样的痛苦感觉，我不得不请求我的同伴们丢下我先走……在我 21 岁生日之后的第一个月，我带着一队人马进入了人迹罕至的大森林里，去采伐那里的大原木。每天，我都是在天际的第一抹曙光出现之前起床，然后就一直辛勤地工作到天黑后星星探出头来为止。在一个月的夜以继日的辛苦劳动之后，我获得了 6 美元的报酬。当时在我看来这可真是一个大数目啊，每个美元在我眼里都跟今天晚上那又大又圆、银光四溢的月亮一样。"

在这样的困境中，威尔逊先生下决心，不让任何一个发展自己、提升自我的机会溜走。很少有人能像他一样深刻地理解闲暇时光的价值。他像抓住黄金一样紧紧地抓住了零星的时间，不让一分一秒无所作为地从指缝间流走。

他在 21 岁之前，已经设法读了 1000 本好书——想一想看，对一个农场里的孩子来说，这是多么艰巨的任务啊！

因此，要想真正地战胜自己，就必须对自己说："我知道我不是境遇的牺牲者，而是它的主人。"

吃一堑，长一智

一次，一个猎人捕获了一只能说 70 种语言的鸟。

"放了我，"这只鸟说，"我将给你三条忠告。"

"先告诉我，"猎人回答道，"我发誓我会放了你。"

"第一条忠告是，"鸟说道，"做事后不要后悔。"

"第二条忠告是：如果有人告诉你一件事，你自己认为是不可能的就别相信。"

"第三条忠告是：当你爬不上去时，别费力去爬。"

然后，鸟对猎人说："该放我走了吧。"猎人依言将鸟放了。

这只鸟飞起后落在一棵大树上，向猎人大声喊道："你真愚蠢。你放了我，但你并不知道在我的嘴中有一颗价值连城的大珍珠。正是这颗珍珠使我这样聪明。"

这个猎人很想再捕获这只鸟。他跑到树跟前开始爬树。但是当爬到一半的时候，他掉了下来并摔断了双腿。

那只鸟狠命地嘲笑他："笨蛋，我刚才告诉你的忠告你全忘记了？我告诉你一旦做了一件事情就别后悔，而你却后悔放了我。我告诉你如果有人对你讲了你认为是不可能的事，就别相信，而你却相信像我这样一只小鸟的嘴中会有一颗很大的珍珠。我告诉你如果你爬不上去，就别强迫自己去爬，而你却追赶我并试图爬上这棵大树，结果摔断了双腿。"

"这句箴言说的就是你：对聪明的人来说，一次教训比蠢人受 100 次鞭挞还深刻。"

说完，鸟就飞走了。

吃 100 粒豆子都不知豆味儿的人，若不是天生的味盲，就是一个彻头彻尾的傻瓜。大家还记得那个只会说"哆嗦嗦，哆嗦嗦，今天冻死我，明天就垒窝"的寒号鸟吧，最终还是因不长记性而冻死在冬天的寒夜里了。

有一个高中毕业生，在高考时由于发挥失常而名落孙山。面对高考落榜的现实，他感到非常沮丧，甚至对生活失去了热情。这时，他的老师看到了他的状态，对他说："人生就是这样。快乐自然令人向往，痛苦也得承受，这是真实的人生之途。你不必为一次失败而烦恼。其实，人生的每一种经历都是一笔财富，就看你如何去体会、如何去理解。"最后，他又语重心长地对这个学生讲："摔倒了就要爬起来，但别忘了再抓一把沙子。"学生听懂了，也记住了老师的话。以后，每当他遇到挫折时，就会想起"摔倒了就要爬起来，但别忘了再抓一把沙子"这句话，并从中吸取教训，鼓起勇气，迈向一个又一个新的目标。

我们应该牢记人生旅途中的每一次教训，它们可以激发我们追求胜利的强烈欲望。

生命的鹅卵石

在一次关于时间管理的课程上，有一位教授在桌子上放了一个装水的罐子，然后又从桌子下面拿出一些正好可以从罐口放进去的鹅卵石。当教授把鹅卵石放完后问他的学生：

"你们说这罐子是不是满的？"

"是。"所有的学生异口同声地回答。

"真的吗？"教授笑着问。然后又从桌子底下拿出一些碎石子，把碎石子从罐口倒下去，摇一摇，再加一些，问学生：

"你们说，这罐子现在是不是满的？"这回他的学生不敢回答得太快。

最后，班上有位学生怯生生地细声回答道："也许没满。"

"很好。"教授说完后，又从桌下拿出一袋沙子，慢慢地倒进罐子里。倒完后，再问班上的学生：

"现在你们再告诉我，这个罐子是满的，还是没满？"

"没有满。"全班同学这下学乖了，都很有信心地回答说。

"好极了。"教授再一次称赞这些可爱的学生们。之后，教授从桌底下拿出一大瓶水，把水倒进看起来已经被鹅卵石、小碎石、沙子填满了的罐子。

这个事故有没有给你什么启发呢？也许你会说：无论我们的工作多忙，行程排得多满，如果再逼一下的话，还是可以多做些事的。

说的不错，但不仅是如此。

在我们的生命中，如果不先将大的"鹅卵石"放进罐子里去，也许以后永远没机会再把它们放进去了。因为，生命只行一次，光阴不能重来。

我们都很会用小碎石加沙和水去填满罐子，但是很少人懂得应该先把"鹅卵石"放进罐子里的重要性。

年轻人每一天都在忙，每一天所做的事情好像都很重要，每一天都在不断地往罐子里灌进小碎石或沙子，然而到底什么是我们生命中的"鹅卵石"呢？

是和我们心爱的人长相厮守？

是我们的梦想？

是值得奋斗的目标？

是教育或是信仰？

都是，也可能都不是，毕竟世界上根本就没有标准答案。

其实，成长的信仰——那些引领我们健康快速成长的观念和信念，才是我们生命中的"鹅卵石"啊。毕竟，我们都是年轻人。年轻只有一次，成长不能重来。

第三章

自信：相信自己才能战胜自己

人往往有这样的心理：对自己从未涉及过的领域里的事情总是感到神秘而不可思议，而当自己确实做到了，事后才会惊叹原来这么简单！所以，很多时候，并不是对手有多么强大，而是我们太轻视自己。

相信成功，我们才能成功

人生的法则就是信念的法则。在"运气"这个词的前面应该再加上一个词，就是"勇气"。相信运气可支配个人命运的人，总是在等待着奇迹的出现。这种人只要上床一躺下，就会梦见中了大奖或者做出挖到金矿般能突然致富的梦；而那些不这样想的人，就会依据个人心态的趋向而为自己的未来不断努力。

依赖运气的人们常常满腹牢骚，只是一味地期待着机遇的到来。至于获得成功的人，他们觉得唯有信念方能左右命运，因此他们只相信自己的信念。

在别人看来不可能的事，如果当事人能从潜在意识中去认为"可能"，也就是相信可能做到的话，那么就会按照信念的强度而从潜在意识中激发出极大的力量来。这时，即使表面看来不可能的事，也能够做到了。

人类是自己思想的产物，所以我们应当有高标准，应当提高自信心，并且执着地相信必能成功。

成功意味着许多美好、积极的事物。成功，成就，就是生命的最终目标。

人人都希望成功，而最实用的成功经验，就是具有"坚定不移的信心"。可是，真相信自己的人并不多，结果，真正做到的人也不多。

有时候，你可能会听到这样的话：光是像阿里巴巴那样喊"芝麻，开门"就想使门真的移开，那是根本不可能的。说这话的人把"信心"和"想象"等同起来了。不错，你无法用"想象"来移动一座山，也无法用"想象"实现你的目标，但只要有信心，你就能移动一座山。只要相信你能成功，你就会赢得成功。

关于信心的威力，并没有什么神奇或神秘可言。信心起作用的过程其实很简单：相信"我能做到"的态度，产生了能力、技巧与力量等这些必备条件，每当你相信"我能做到"时，自然就会想出"如何去做"的方法。

大部分的人可能都认为自己不是个成功的人，而且也认为成功对自己来说是不可能实现的，说不定早已灰心丧气了。的确，成功的人不多，所以你或许是个不幸的人。但起码的事实是：任何人都有成功的机会，只是不想去获得它而已。因为你早已经放弃想要成功，所以机会就弃你而去。

如果你想成功的话，首先必须希望成功，相信会成功。

学会利用自卑

在现实生活中，每个人都或多或少存在着自卑，但是自卑并不可怕，可怕的是沉浸在自卑当中而丧失了追求成功的勇气。

从前有个美国人，相貌极丑，街上行人都要掉头对他多看一眼。他从不修饰，到死都不在乎衣着。窄窄的黑裤子，伞套似的上衣，加上高顶窄边的大礼帽，仿佛要故意衬托他那瘦长条的个子，走路姿势很难看，双手总是晃来荡去的。

他是小地方出生的人，尽管后来身居高职，但直到临终，举止仍是老样子，仍然不穿外衣就去开门，不戴手套就去歌剧院，总是讲不得体的笑话，往往在公众场合忽然忧郁起来，不言不语。无论在什么地方——法院、讲坛、国会、农庄，甚至他自己家里——他处处都显得格格不入。

他不但出身贫贱，而且身世蒙羞，母亲是私生子，他一生都对这些缺点非常敏感。

没有人出身比他更低，但也没有人比他升得更高。

他后来出任美国总统，这个人就是林肯。

一个人有这么多的弱点而不去克服，难道也能获得像林肯那样的成就吗？

其实，林肯并不是用每一个长处抵每一个短处以求补偿，而是凭伟大的智慧与情操，使自己凌驾于自己的一切短处之上，置身于更高的境界。只在一个方面，就是通过教育，来弥补自己的不足。他用拼命自修的方法来克服早期的障碍。孤陋寡闻的他在 20 岁以前听牧师布道，他们都说地球是扁的，而他也这么认为。他在烛光、灯光和火光前读书，读得眼球子在眼眶里越陷越深，眼看知识无涯而自己所知有限，总是感觉沮丧。他在填写国会议员履历时，在"教育"一项下填的竟然是："有缺点"。

可见，林肯的一生不是沉浸在自卑中，而是对一切他所缺乏方面的全面补偿。他不求名利地位，不求婚姻美满，集中全力以求达到自己心中更高的目标，他渴望把他的独特思想与崇高人格里的一切优点奉献出来，从而造福人类。

的确，强者不是天生的，强者也并非没有软弱的时候，但强者之所以成为强者，就在于他们善于战胜自己的软弱。一代球王贝利初到巴西最有名气的桑托斯足球队时，他害怕那些大球星瞧不起自己，竟紧张得一夜未眠。他本是球场上的佼佼者，却无端地怀疑自己、恐惧他人。后来，他设法在球场上忘掉自我，专注踢球，保持一种泰然自若的心态，从此便以锐不可当之势踢进了 1000 多个球。球王贝利战胜自卑的过程告诉我们：不要怀疑自己、贬低自己，只需勇往直前，付诸行动，就一定能走向成功。

现在的问题是：假定你有自卑感，而想加以利用，转弱为强，办得到吗？

当然，这并不容易。但是办不到吗？就人类过去的经验来说，并非如此。有几位伟人的生平就是一部奋斗史，显示出借补偿作用而获得成就的可能性有多大。读达尔文、济慈、康德、拜伦、培根、亚里士多德的传记，就会明白，他们的品格和一生，都是个人缺陷形成的。像亚历山大、拿破仑、纳尔逊，是因为生来身材矮小，所以立志要在军事上获得辉煌成就；像苏格拉底、伏尔泰，是因为自惭奇丑，所以在思想上痛下功夫而大放光芒。

达到成功的唯一阻碍，不是我们不能改变自己，也不是遭遇到困难，而是我们不要改变。只要别人或是别的事物改变了，我们就会看到，我们把自己调整得多好。

现在就是开始的时候了，任何人都有自卑的时候，但不能因自卑而影响自己的生活。我们可以过更好的生活。我们不应该让自卑感作祟而使自己觉得难堪，应该像一般成功快乐的人那样，好好地发挥自卑感原有的作用。虽然起初不大有把握，可是我们会发现我们自己不再受它的驱使，而是在利用它，从而将人生变得更精彩、更丰富。

实事求是，忠于自己

有这样一句话："人贵有自知之明。"意思就是既不高估自己也不低估自己。认识到这一点容易，但做到这一点却非人人可以。想使自己的权力更大，想坐到更能发挥自己才能的岗位上去，想做出更大的成就……几乎所有人都有上进心，都有改善现状的想法。但是，能正确估价自己，完全接受自己目前所处的环境，这对于想成功的人来说是一个关键。

世上没有十全十美的人，有些缺陷是与生俱来并要带进坟墓的。这一点只要看看那些伟大的成功者就能立即明白，他们都接受了本就存在的自我。

接受自我，就是能够正确地进行自我评价，对自己所做的一切都勇于承担责任。

在名著《哈姆莱特》中，莎士比亚通过宰相波洛涅斯说："最重要的是忠于自己。你只要遵守这一条，剩下的就是等待黑夜与白昼的交替、万物自然地流逝；倘若果真有必要忠于他人，也不过是不得不那样去做。"

提高自我评价的有效方法之一，是把自己平时的优点大声地复述给自己听。对自己性格中的长处、出色的成绩，都要给予肯定的评价，并把这些评价灌注到自己的大脑中。

这种评价带给你的印象越强烈，那个潜在的自我就越会被发掘出来。这种评价中的自我形象，还应随着时代的推移不断地更新，使其总是适合于你的最高基准。

目前，世界上正在进行语言和形象对身体机能影响的研究。研究成果显示，即使胡乱说出的话，也会对身体机能产生惊人的影响。

因此，很有必要控制自己的言语。在成功者的言语里是不会出现轻贬自己的话语的，即使是自言自语。有些人则不然，情绪一低落，言语就立即变得微弱，"我嘛，本来就不行"，"天生就不成器"，"要是能有那么个条件嘛……"，"不过……"，"那时候本应该……"，等等。

成功者每天都在对自己说"我行"，"我已经准备好了"，"这次没问题"，"比上次精神状态好得多"。他们的自言自语，正是为了勉励和激发自我。

胜者相信自己的能力，他们为自己而自豪。因为他们确信自己有价值，所以才能像爱自己一样去爱大家。

但是也不要过高地估计自己的能力，否则就犹如一个胃口小的人吃下一块大饼会撑着一样。如果一个能力低的人做的事超出了他的能力，那么他一定会一事无成，所以不如干自己力所能及的事，这样不仅会成功，而且也会提高能力、增强信心。

我们要认识自己的能力，有下面四个主要方法可以参考：

（1）利用心理方法，客观地评价自己的能力。

（2）留意周围的人对自己的反应。

（3）用心检视自己的过去——追踪历史可以显现未来。

（4）把自己置于新奇的环境中，然后，从行为中去认识自我。

这四种方法都可以产生宝贵、新鲜、不同的认识，对认识自我大有裨益。

要唤醒内心的成功因子

这是一场创造历史纪录的世纪大赛跑。

参赛的人数非常多，有三亿多人报名参加。比赛的路程艰苦异常，而比赛的结果只取第一名，并没有亚军和季军。之所以会有那么多人参加，是因为优胜者可以获得有史以来最大的奖赏。

比赛开始，在第一道关卡的障碍处就淘汰了大多数的参赛者，一部分人因畏惧障碍而退缩，另一部分人则因无法通过难度极高的障碍而遭淘汰，能过关的只有千分之一。他们继续向前跑。

紧接而来的，是一大片绵延无垠的沙漠。根据比赛的规定，参赛者不得携带饮水，只能凭借自己的耐力与体力，跑完全程。

能通过第一关障碍的跑者，都是千分之一的强者。他们在干旱的沙漠上个个奋力向前，欲争夺最后的锦旗。随着时间一分一秒过去，在沙漠上耗尽体力的选手难以计数，一个接着一个倒下。跑完沙漠全程的，竟只有数十人，是通过第一道关卡人数的千分之一。

更困难的考验还在前方，沙漠的尽头出现双岔路口，完全没有路标的指示。跑者必须凭借自己的智慧做出选择，选对了路尚有一丝希望；选错了，则枉费先前的所有努力，将面对最后的失败。

深具智慧的最后一群选手选择了正确跑道，他们拖着疲惫的身子，激发出最后的潜能。他们知道自己已然战胜了绝大多数对手，只要再坚持跑完最后这段路，终将赢得冠军。

终点就在眼前，一名选手鼓起勇气，用尽一切力量，拼命向前冲刺，终于越过终点线，成为唯一的获胜者。

此刻，举世为他欢呼喝彩，因为他是最伟大的胜利者，获得了有史以来最丰厚的奖赏。

人在出生前，已经具备了一切最完美的条件，且成功地成为唯一的胜利者。

再次唤醒我们沉睡的潜能吧！所有足以带领我们迈向巅峰的成功因子，都早已安置在我们心里，只要我们了解并开始发挥潜能，无须经过任何训练，我们将立刻成为成功跑道上的最佳选手。

我们是最棒的，我们是成功者，我们是顶尖的大师。这不是在告诉我们或教导我们，只不过是在提醒我们罢了。

所有的成功人士都知道，在人生中他们可以控制的一个层面就是自己的想法。

到底是珍珠还是石头，除了靠别人的赏识外，最重要的是先去肯定自己，唤醒内心的成功因子，好好发挥自己的优势，尽自己最大的努力去获取成功。

树起属于自己的旗帜

怎样才能让自己不坐失良机呢？至关重要的是要有自信心。

有这样一个故事：

一位工程师爱上了一位年轻的女大学生，这对他个人生活来说无疑是一个机遇。于是他向她求爱。女大学生拒绝了他，因为她已经有了男朋友。但这位工程师还是经常出现在女大学生面前，给她送鲜花，向她表白。女大学生的男朋友知道了这件事以后担心自己结局不妙，竟主动中断了与女大学生的关系。不久，女大学生又结识了另一个男朋友。工程师得知后竟写信给这位男朋友说："我是世界上唯一能以全身心爱她的人，这一点你做不到。"这个男朋友在自信心上较量不过工程师，也主动退出了情场的竞争。这时，女大学生向法院起诉，说工程师有跟踪、恐吓、侵犯人权等罪，法院当庭判决工程师45天拘役。当原告、被告一起走出法院大门时，女大学生觉得自己有点过分了，工程师却向她笑了笑说："亲爱的，45天以后我再来找你。"这时，女大学生被工程师扑不灭的热情和强大的自信心所打动，转身回到法院，要求撤诉。后来两人终成伉俪。

这个故事富于浪漫色彩，但它包含的生活哲理是耐人寻味的。自信心的确是影响事情成败的重要因素，倘若他犹疑了，倘若他对自己丧失信心了，那就将失去机遇，失去她，失去幸福。

莱奇缝纫机公司总裁利昂·乔森先生现在腰缠万贯，而几年前，他还只是一个贫穷的波兰移民，连英语也不会说。报纸在报道他的巨大成功时，引用了他的话说："我有毫不动摇的信心，在成功路上的每一步，我都寻求它的指导，我用我的头脑和双脚工作。"

再看一个相反的例子：著名乒乓球运动员韩玉珍，在世界强手面前因患得患失而失去自信，竟用小刀将自己的手刺破，声称有人行刺而逃避比赛。在后来的一次国际乒乓球邀请赛上，她与日本深津尚子争夺冠军。在 2∶0 领先的情况下，深津尚子刚逼上几分，韩玉珍的意志就垮了下来，以致最后败北。

世乒赛，对一个乒乓球运动员来说是不可多得的机遇。然而韩玉珍痛失了，这是多么让人遗憾啊。可见，对一个人来说，坚强的意志和强大的自信心是多么重要。

自信心是征服机遇的极为重要的素质。同样是机会，自信的人可以得到和驾驭机会，获取成功；没有自信心的人则只能望洋兴叹，自愧不如。

赢得机遇必须首先树立信心。树立信心的前提就是战胜自卑。战胜自卑的途径，在于分析自卑心理，然后溯本求源、追根究底，排除心理障碍。此为一。

第二，正确评估自己的才能与特殊技能。你不妨把自己的价值写在纸上，客观地分析、把握自己的能力。比如，你会写文章，你善于应酬，你会打字，等等。如此一摆，你必定发现自己原来颇有能力，比起同龄人要优秀得多。

第三，不要太宽容自己。自己的问题，必须认认真真、堂堂正正地正面解决。如果你怕在大众面前说话，就应该找机会大胆地在大众面前说话。如果你觉得应该向上司要求加薪，就不应迟延，立刻直接要求。结果不是领导同意，便是没有消息，但无论如何总比闷在心里好得多。

第四，向工作迈进。与其害心病，不如立刻行动，你将因完成了工作而逐步建立信心。有了自信心，不但可得到物质方面的报酬，还能获得赏识与赞扬。这是一种连锁反应。自信助你完成工作，工作的完成让你更加自信。这种连锁反应又成了你向成功迈进的催化剂，你将担当更大的责任，走上更重要的岗位。

第五，踩在名人和巨人的肩膀上。《科学史》一书的作者沙玉彦说过："研究科学必须破除成见，绝不能因为这是古人已说过的，就很相信。尤其是对于那些名人的言论，更不能因为他名誉很大，就认为无论哪样都是正确的……"牛顿认为：光是由一道直线运动的粒子组成的，即所谓光的"微粒说"。也许是由于牛顿有着巨大权威吧，18世纪整整一百年间光学研究没有任何重要进展。1801年，一个勇敢的物理学家托马斯·杨站了出来。他说："尽管我十分仰慕牛顿，但我并不因此非得认为他是百无一失的。我……遗憾地看到他也会出错，而他的权威也许有时甚至阻碍了科学的进步。"正是由于托马斯·杨没有被牛顿的权威所吓倒，敢于创新，所以在发展光的"波动说"方面作出了重大的贡献。这难道不能给我们一点启示吗？

你有了健康的心理素质，有了充分的自信心，就意味着你有了捕捉机遇这只鱼的坚实的网——有网就不怕没有鱼。

做自己命运的主人

亨利曾经说过："我是命运的主人，我主宰我的心灵。"

做人就应该做自己的主人，应该主宰自己的命运，不能把自己交付给别人。生活中，有的人却不能主宰自己，有的人把自己交付给了金钱，成了金钱的奴隶；有的人为了权力，成了权力的俘虏；有的人经不住生活中各种挫折与困难的考验，把自己交给了上帝。

做自己的主人，就不能成为金钱的奴隶，不能成为权力的俘虏，在各种诱惑面前保持自己的本色，否则便会丢失自己。过于热衷于追求外物者，最终可能会如愿以偿，却会把最重要的一样给丢了，那就是自己。

我们有权利决定生活中该做什么，不能由别人来代做决定，更不能让别人来左右我们的意志，而自己却成了傀儡。其实，只有自己最了解自己，别人并不见得比自己高明多少，也不会比自己更了解自身实力，只有自己的决定才是最好的。

我们应该做命运的主人，不能任由命运摆布自己。像莫扎特、凡·高等，都是我们的榜样，他们生前都没有受到命运的公平对待，但他们没有屈服于命运，没有向命运低头，而是向命运发起了挑战，最终战胜了它，成了自己的主人，成了命运的主宰。

挪威大剧作家易卜生有句名言：人的第一天职是什么？答案很简单——做自己。是的，做人首先要做自己，首先要认清自己，把握自己的命运，实现自己的人生价值，只有这样，才真正算是自己的主人。

按自己的方式来生活

每个人都有自己的做人原则，都有自己的为人处世之道，都有自己的生活方式。生活中不必太在意别人的看法，更不能因别人的一席话而改变自己。

有这样一个故事：从前，有一位画家想画出一幅人人见了都喜欢的画。画毕，他拿到市场上去展出。画旁放了一支笔，并附上说明：每一位观赏者如果认为此画有欠佳之笔，均可在画中做记号。

晚上，画家取回了画，发现整个画面都涂满了记号——没有一笔一画不被指责。画家十分不快，对这次尝试深感失望。

后来，画家决定换一种方法去试试。他又摹了同样的画拿到市场展出。可这一次，他要求每位观赏者将其最为欣赏的妙笔都标上记号。当画家再取回画时，发现画面又涂遍了记号——一切曾被指责的笔画，如今却都换上赞美的标记。

"哦！"画家不无感慨地说道，"我现在发现一个奥秘，那就是，我们不管干什么，只要使一部分人满意就够了。因为，在有些人看来是丑恶的东西，在另一些人眼里恰恰是美好的。"

众口难调，若一味取悦于人，便会丧失自己，便会在做任何事时都患得患失、诚惶诚恐。这种人一辈子也成不了大事。他们整天活在别人的阴影里，太在乎上司的态度，太在乎老板的眼神，太在乎周围人对自己的态度。这样的人生，还有什么意义可言呢？

人各有各的原则，各有各的脾气性格。有的人活跃，有的人沉稳，有的人热爱交际，有的人喜欢独处。不论什么样的人生，只要自己感到幸福，又不妨碍他人，那就可以。不要压抑自己的天性，失去自己做人的原则。

只要活出自信，活出自己的风格，就让别人去说好了。正像但丁说的那样："走自己的路，让别人说去吧！"

不过，有时候我们都是懦夫，胆小，缺乏信心。世界在上帝手中是柔软而易塑的，我们在现在和未来都可以随意改造它。但愚昧与罪恶改变不了这个坚硬无比的世界，只会尽力逢迎适应它而已。主宰世界的人是那些把自然和艺术统统染上自己思想色彩的人。他们以愉快而沉静的处事态度劝导着众人，让众人相信：他们的所作所为就像几代人企盼已久现在终于熟透了的苹果，值得邀请所有民族共享。荣耀总是属于那些怀抱伟大目标而冷静工作的人。众人对一个人的评价纷纭复杂，但每遇到一位拥有真理的天才，大家则会众口一词，就像大西洋的波浪，层层叠叠，追随月亮。

用成功的欲望提高自己

　　阿赛姆的同事中有一位年轻销售员，他在工作时常常使用卡耐基的自我激励警句以控制自己的心态。他是一个 18 岁的大学生，只在暑假期间到保险公司去做出售保险的销售员。在两周的理论训练期间，学到了不少东西，他在有了一些销售经验之后，就定了一个特殊的目标——获奖。要想做到这一点，他至少要在一周内销售一百份保险。到那一周星期五的晚上，他已经成功地销售了 80 份，离目标还差 20 份。这个年轻人下定决心：什么也不能阻止我达到目标。他相信：人的心理所设想和相信的东西，人就能用积极的心态去获得它。虽然他那一组的另一位销售员在星期五就结束了一周的工作，他却在星期六的早晨又回到了工作岗位。

　　到了下午 3 点钟，他还没有做成一笔交易。他想交易可能产生于销售员的态度上——不在销售员的希望上。

　　这时，他记起了卡耐基的自励警句，满怀信心地把它重复了五次："我觉得健康，我觉得愉快，我觉得大有作为！"

　　那一天，大约在下午 5 点钟，他做成了笔交易。这距他的目标只差 10 份了。他知道成功是那些肯努力的才能得到的，他又热情地重复了几次："我觉得健康，我觉得愉快，我觉得大有作为！"大约在那天夜里 11 点钟时，他疲倦了，但他是愉快的：那天他做成了 20 笔交易。他达到了他的目标，获得了奖励，并学到一条道理：不断努力能把失败转变为成功。

无论心中有多恐惧，一定不要让自己的心死去。

永远地相信自己，这不是说说那么简单的。如果你真的做到了，那么你离成功已经不远了。

一个人在高山之巅的鹰巢里抓到了一只幼鹰，他把幼鹰带回家，养在鸡笼里。这只幼鹰和鸡一起啄食、嬉闹和休息。它以为自己也是一只鸡。这只鹰渐渐长大，羽翼丰满了，主人想把它训练成猎鹰，可是由于终日和鸡混在一起，它已经变得和鸡完全一样，根本没有飞的本能了。主人试了各种办法，都毫无效果，最后把它带到山顶上，一把将它扔了出去。这只鹰像块石头似的直掉下去，慌乱之中它拼命地扑打翅膀，就这样，它终于飞了起来。

也许你会说："我已经懂你的意思了。但是，它本来就是鹰，不是鸡，所以才能够飞翔。而我，也许本来就是一只鸡，是一个平凡的人。因此，我从来没有期望过自己能做出什么了不起的事来。"这正是问题的所在——你从来没有期望过自己做出什么了不起的事来。也就是说，你只把自己钉在自我期望的范围以内。

每个人都有巨大的潜能，只是有的人潜能已经苏醒了，有的人潜能却还在沉睡。任何成功者都不是天生的，成功的根本原因是开发人的无穷无尽的潜能。只要你抱着积极的心态去开发你的潜能，你就会有用不完的能量，你的能力就会越用越强，你离成功也会越来越近。相反，如果你抱着消极的心态，不去开发自己的潜能，任它沉睡，那你就只能叹息命运的"不公"了。

确实，开启成功之门的钥匙，必须由自己亲自来锻造。锻造的过程，就是释放你的潜能、唤醒你的潜能的过程。正如爱迪生曾经说过的："如果我们做出所有我们能做的事情，我们毫无疑问地会使自己大吃一惊。"

要想成功，必须具备的条件是：以欲望提升自己，以毅力磨平高山，以及相信自己一定会成功。

第四章

自制：不要让情绪成为你的"滑铁卢"

　　曾经有人就这样一个问题访问了数位世界冠军："您认为什么样的对手最容易战胜?"他们的回答惊人地一致："当对手出现恐惧、愤怒时，他们就会丧失战斗力，这时，你已经不用再考虑用什么战术了，因为他们已经被自己击败!"生活中也是这样，当你被自己的情绪所控制，你的任何实力将不复存在，因为，你已经被自己击败!

别让情绪主导你

　　要想把握自己，首先必须控制自己的思想，必须对思想中产生的各种情绪保持警觉性，并且视其对心态的影响是好是坏而接受或拒绝。乐观会增强人的信心和弹性，而仇恨会使人失去宽容和正义感。如果一个人无法控制自己的情绪，你的一生将会因为情绪而受害。

　　情绪是属于精神方面的，有时控制起来仿佛很难。

　　情绪是人对事物的一种最浅显、最直观、最不用动脑筋的情感反应。它往往只从维护情感主体的自尊和利益出发，不对事物做复杂、深远和理智的考虑，这样的结果，常使自己处在很不利的位置上或为他人所利用。本来，情感距离理智就已很远了，情绪更是情感的最表面部分、最浮躁部分，以情绪做事，焉有理智的？不理智，能够有胜算吗？能占别人的便宜吗？这是不可能的。

　　但是，我们在工作、学习、待人接物中，却常常依从情绪的摆布，头脑一发热，什么蠢事都愿意做，什么蠢事都做得出来。比如，因一句无关利害的谈话，我们便可能与人打斗，甚至拼命（诗人莱蒙托夫、普希金与人决斗而死亡，便是此类情绪所为）；又如，我们因别人给我们的一点假仁假义，而心肠顿软，大犯根本性的错误（西楚霸王项羽在鸿门宴上耳软、心软，以致放走死敌刘邦，最终痛失天下，便是这种妇人心肠的情绪所为）。还可以举出很多因情绪浮躁、简单、不理智等而犯的过错，大则失国失天下，小则误人误己误事。事后冷静下来，自己也会感到其实可以不必那样。这都是因为情绪的躁动和亢奋，蒙蔽了人的心智所导致的。

楚汉之争时，项羽将刘邦父亲五花大绑陈于阵前，并扬言要将刘公剁成肉泥，煮成肉羹而食。项羽意在以亲情刺激刘邦，让刘邦在亲情、天伦压力下，自缚投降。但刘邦很理智，没有为情所蒙蔽，他的大感情战胜了私情，他的理智战胜了一时心绪，反以项羽曾和自己结为兄弟之由，认定己父就是项父，如果项某愿杀其父，煮成肉羹，他愿分享一杯。刘邦的超然心境和不凡举动，令项羽所想不到，以至无策回应，只能潦草收回此招。

三国时，诸葛亮和司马懿于祁山交战。诸葛亮千里劳师欲速战一决雌雄，但司马懿以逸待劳，坚壁不出，欲空耗诸葛亮士气，然后伺机求胜。诸葛亮面对司马懿的闭门不战，无计可施，最后想出一招，送一套女装给司马懿，羞辱他如果不战则小女子是也。古人很以男人自尊，尤其是军旅之中。如果在常人，定会接受不了此种羞辱。而司马懿另当别论，他大大方方地接受了女装，情绪并无影响，心态甚好，还是坚壁不出。这样一来，连老谋深算的诸葛亮也几乎对他无计可施了。

这都是战胜了自己情绪的例子。但在生活中，更多是成为情绪俘虏的例子。

被诸葛亮七擒七纵的孟获便是一个深为情绪役使的人，他之所以不能胜诸葛亮，非命也，实人力和心智不及也。诸葛亮大军压境，孟获弹丸之王，不思智谋应对，反以帝王自居，小视外敌，结果一战即败，完全不是对手。孟获一战既败，应该坐下慎思，再出奇招，却自认一时晦气，再战必胜。再战，当然又是一败涂地。如此几番，把个孟获气得浑身激颤。又一次对阵，只见诸葛亮远远地坐着，摇着羽毛扇，身边并无军士战将，只有些文臣谋士之类。孟获不及深想，便飞身纵马上前，欲直取诸葛亮首级。可想而知，诸葛亮已将孟获气成什么样子了，也可想到孟获已被情绪折腾成什么样子了。结果，诸葛亮的首级并非轻易可取，身前有个陷马坑，孟获眼看将及诸葛亮时，却连人带马坠入陷阱之中，又被诸葛亮生擒。孟获败给诸葛亮，除去其他各种原因，其生性爽直、缺乏脑筋、为情绪蒙蔽，是一个重要的因素。

情绪误人误事之例，不胜枚举。一般心性敏感的人、头脑简单的人、年轻的人，易受情绪支配，头脑容易发热。问一问你自己，你爱头脑发热吗？你爱情绪冲动吗？检查一下自己曾经因此做过哪些错事、傻事，以警示自己的未来。

如果你正在努力控制情绪的话，可准备一张图表，写下你每天的体验并且控制情绪的次数，这种方法可使你了解情绪发作的频繁性和它的力量。一旦你发现刺激情绪的因素时，便可采取行动除掉这些因素，或把它们找出来充分利用。将你追求成功的欲望，转变成一股强烈的执着意念，并且着手实现你的明确目标，这是使你学得情绪控制能力的两个基本要件，这两个基本要件之间，具有相辅相成的关系，而其中一个要件获得进展时，另一个要件也会有所进展。

喜怒哀乐，不妨"珍藏"

《三国演义》中"曹操煮酒论英雄"的故事讲这样一个道理。

当时，刘备落难投靠曹操，曹操很真诚地接待了刘备。刘备住在许都，为防曹操谋害，就在后园种菜，亲自浇灌，以此迷惑曹操使之放松对自己的注意。一日，曹操约刘备入座饮酒，谈起以龙状人，论起天下谁为当世之英雄。刘备点遍数人，均被曹操一一贬低。曹操提了英雄的标准——胸怀大志，腹有良策，有包藏宇宙之机，吞吐天地之志。刘备问："谁人当之？"曹操说："只有刘备与我才是。"

刘备本以韬晦之计栖身许都，被曹操点破是英雄后，竟吓得把筷子也丢落在地上。恰好当时大雨将到，雷声大作，于是刘备则从容俯身捡起筷子，并说："哎呀，这一声震雷，吓了我一跳。"从此巧妙地将自己的惶恐掩饰过去，从而也避免了一场劫数，堪称英明之举。

喜怒哀乐是人的最基本情绪，人们也在当中暴露了自己的弱点。如果喜怒哀乐表达失当，有时还会招来无端的祸患。因此，我们在为人处世的时候，切记要时时克制自己，把喜怒哀乐隐藏起来。

明末大将洪承畴兵败被俘。清军将领知道他是一个不可多得的将才，所以给了他很好的礼遇和优厚的承诺，并多次派人对其进行说服，希望他归顺大清，为清军效力。可是洪承畴自视忠诚，誓死不降。清军经过很长时间的劝说，还是没有办法使其更改初衷，渐渐对他失去了希望。

后来，洪承畴开始绝食，以示忠心。有人提出将他处死算了。这时，清孝庄皇妃提出，可再观察几日。在接下来的时日里，好饭好菜还是每日照送不误。不过，孝庄命令送饭的衙役，要注意观察他的一举一动。这天衙役回报说，洪承畴不但不食颗粒，当他看到牢狱墙上的一只蜘蛛后，还叹息不已，孝庄开心地说："他还是不想死啊！"后来，果不出所料，在经过一场激烈的思想斗争后，洪承畴还是归顺了大清，并为其平定中原立下了汗马功劳。

当然，喜怒哀乐是人的基本情绪，这世界上应该没有这种人——心境一如止水，根本就没有一点喜怒哀乐之情。

没有喜怒哀乐，这种人其实更可怕，因为你不知道他对某件事的反应、对其他人的看法，让人面对他时，有种不知如何应对的慌乱。

没有喜怒哀乐的人并不存在，他们只是不把喜怒哀乐表现在脸上罢了。而在人性中，这一点是很重要的。所以，要把喜怒哀乐藏在暗处，别轻易拿出来给别人看。

这究竟是为什么呢？

在人性丛林里，人为了生存，会采取各种方法和行动来接纳力量、分享利益、打击对手。而任何人，只要在社会上锻炼过一段时间，便多多少少有了一些察言观色的本领，他们会根据对方的喜怒哀乐来调整和对方的相处方式，并进而顺着对方的喜怒哀乐来为自己谋取利益。可是谋取利益的另一面，有时却是对对方的伤害，就算不是伤害，对方也会在不知不觉中使其意志受到了别人的控制。

比如，一听到别人奉承就面有喜色的人，有心者便会以奉承来接近他们，进而提出要求，甚至向他们进行软性的索取；一听到某类言语或碰到某种类型的人就愤怒的人，有心者便会故意制造这样的言语，指使这种类型的人来激怒他们，让他们在盛怒之下丧失理性，失去风度；一听到某类悲惨的事或看到对方遭到什么委屈，就哀感满胸甚至伤心落泪的人，有心者了解他们内心的脆弱面后，便会以种种手段来博取他们的同情心，或是故意打击他们情感的脆弱处，以达到目的；一个易因某事就"乐不可支"的人，有心者便可能提供可"乐"之事，来迷惑他们，以遂行其意图……

说起来，似乎世间是没有一个人可靠的，而人生也充满痛苦。诚然，连喜怒哀乐都不能随意表达，这种人生太没意思了。不过，若因喜怒哀乐表达失当而招来无妄之灾，那就很不值得了。因此，人没有必要做一个喜怒哀乐不着痕迹的人，但把喜怒哀乐放在暗处还是有好处的。

第一，把喜怒哀乐由情绪中抽离出去，我们便可以理性、冷静地看待事物，思索它对我们的意义，并进而训练自己对喜怒哀乐的控制能力，做到该喜则喜，不该喜则绝不喜。

第二，把喜怒哀乐放在心里就是不随便表现这些情绪，以免被人窥破自己的弱点，给人以可乘之机。

要做到如此很难，但如果想到人性世界中的险恶，就不觉得难了。总之，我们不应当将自己心境里的宁静寄托在外界的事物上，应当尽可能地把缰绳握在自己手中，轻易不容许自己表达喜悦与悲伤的极端感情。

调控情绪，学会自制

某地一个下岗职工，因怀疑厂长故意使坏，而于深夜把厂长砍成重伤，然后自杀；据报载，一个高中生因为嫉妒另一个品学兼优的学生，便在高考期间假装关心，在饮料里掺安眠药，致使该考生耽误了一门课程的考试；一个高中生因为恼怒母亲的唠叨，竟然将母亲置于死地……种种类似的恶性事件令人痛心而又难以理解。

毫无疑问，失控的情绪会给自己、他人和社会带来危害和灾难。情绪具有本能的特点，可一个社会人绝不能听任情绪的本能冲动。

所以说，情绪的本能性必须受到有效的控制，否则，它将把自我带向毁灭。对本能情绪的有效控制，实际上是战胜了本我。

人很难控制自己的七情六欲。在法庭上，一些犯人对于对方律师的质问通常会以"我不记得了"或"我不知道"来回答，所以聪明的律师就会用尽各种可能的办法来套取犯人的供词。有时他会故意羞辱犯人、激怒犯人，一旦犯人上了钩，被律师的话刺激得怒不可遏，往往就会失去自制说出他在冷静的情况下不会说出的证词。

人的一生，有许多事情要做，有的人能够成就一番事业，有的人却一事无成。除了机遇不同外，还与勤奋与否有关。但是有些人虽然勤奋，却注意力不集中，今天想学一门外语，还没开好一个头，明天注意力又转移到政治理论上了。漫不经心几乎是人最大的弊病，它使得人蹉跎一生，无所成就。而要克服漫不经心的弊病，就必须有一定的意志力来约束自己，让自己一次只完成一件事。

自制，就是要克服欲望和冲动。七情六欲，是人之常情，但人也有一些想法超出了自身条件所许可的范围。食色美味、高屋亮堂，凡人即所想得，但得之有度，远景之事，不可操之过急，欲速则不达也，故要控制自己。否则，举自身全力，力竭精衰，事不能成，耗费枉然。又有些奢华之事，如着华衣、娱耳目，实乃人生之琐事，但又非凡人所能自克，沉溺其中而不能自拔，就不是力竭精衰的小事了，人必然会颓废不振，空耗一生。

有自制力不仅仅是人的一种美德，在一个人成就事业的过程中，自制还可助其一臂之力。有所得必有所失，这是定律。因此，我们要想取得并非唾手可得的成功，就必须付出自己的努力，自制可以说是努力的同义语。

想要成功必须使消极的情绪得到有效的控制，否则，人的生活质量、工作成效和事业成就将无法保证。米开朗琪罗曾说："被约束的力才是美的。"对于情绪来说也是如此。一个人的情绪如果不能得到有效的调控，那么，人就有可能成为情绪的奴隶，成为情绪的牺牲品。

有人说：一个人要想在事业上取得成功，务必戒奢克俭、节制欲望，只有有所放弃，才能有所获得。自制不仅仅是在物质上克制欲望，对于一个想要取得成功的人来说，精神上的自制也是非常重要的。衣食住行毕竟是身外之物，不少人都能自制成功，甚至是尽善尽美地克制，但精神上、意志力上的自制却非人人都能做到。

其实，人也是被情绪激活的动物，不同的情绪状态将导致不同的学习与工作成效。比如，有些考试时过分紧张的学生，往往产生回忆阻滞、记忆错乱、思维迟钝等现象，成绩大失水准；有的棋手在遭遇强敌时，也常会因心情紧张而频出昏招，迅速败阵。又比如，当心情轻松愉快、心态积极乐观时，人的处事能力、学习效率和工作成效都会大有提高；当情绪如焦虑、愤怒或恐惧处于恰当的程度时，人能够激发潜能，承担重任，完成平时看来十分棘手的工作，克服平日看来不可想象的困难。情绪激活水平不能过低也不能过高，过低使得我们死气沉沉、了无生气，过高又会产生亢奋紧张，即物极必反。

因此，研究认为，一个人的情商高低，主要表现在对情绪控制的成败方面。对于情绪的控制，主要集中在两方面：一是控制冲动，二是调节情绪状态。要以此调制平和心情，营造平稳愉快的心境。

控制情绪，让理智常态化

北京人民广播电台新闻热线节目曾播送过一条消息。某小学生随手把塑料袋扔进厕所，年轻的女教师盛怒之下强迫他把塑料袋捡回来含到嘴里。在一片谴责声中，这个教师被学校开除。

山东枣庄市某校一学生，因上体育课时做不好老师规定的动作，被体育老师一怒之下踹断了腿，引得群情激愤。

至于因情绪冲动而造成的人际关系紧张、生活和事业的挫败现象在生活中更是比比皆是。中国传统的处世智慧非常强调克制和忍耐。在冲动性的情绪中以愤怒最为有害。情商研究认为，控制冲动主要是控制人的愤怒情绪，不要做愤怒情绪的奴隶和牺牲品。对愤怒情绪的控制水平，标志着一个人的品行水准。一个人如果容易发脾气，那是对自己和他人的双重伤害。

愤怒是一种比较难控制但又必须控制的消极情绪。如何才能消除自己的愤怒呢？传统的看法认为，发泄一下内心的愤怒就会觉得舒服。其实这是最糟糕的做法，因为勃然大怒将会刺激大脑唤起系统更加亢奋，使人的怒气更旺，无异于火上浇油，使其更难平息。

比较有效的方法应当是重新评价，即自觉地用比较积极的视角去重新看待使你生气的那件事。事实证明，换个角度对待使你生气的那件事，是极有效的息怒方法之一。

另外一种有效的息怒方法是独自走开，去冷静一下头脑，并且默默地对自己说，我现在正在气头上，如果我意气用事，或许会带来追悔莫及的后果。这对于在盛怒之下头脑不清的人尤为有效。

还有一种比较安全的做法是通过运动转移注意力。研究者发现，当一个人愤怒的时候，如果他出去散步或者骑车，就会冷静下来。因为运动分散了原来的注意力，把心理注意点转移到正在做的事情上去了。

这些都是值得一试的息怒方法。

事实上，愤怒是指当某人在事与愿违时所产生的一种惰性情绪反应，他的心理潜意识是期望世界上一切事都要与自己的意愿相吻合的，当事与愿违时便会怒不可遏。这当然是痴人说梦。

所以，有人说，在人生这个大舞台上，最难战胜的是自己。而控制情绪、驾驭情绪，更是一件重要的事。当然，我们也不必事事喜怒不形于色，让人觉得我们阴沉不可捉摸，但情绪的表现绝不可过度。

一个人成功的最大障碍不是来自外界，而是自身，除了力所不能及的事情做不好之外，自身能做的事不做或做不好，那就是自身的问题，是自制力不强的问题了。一个成功的人，其自制力表现在：大家都做但情理上不能做的事，他克制而不去做；大家都不做但情理上应做的事，他强制自己去做。

如果能恰当地掌握好情绪，那么将在别人心目中留下"沉稳、可信赖"的形象，虽然不一定能因此获得重用，或者对事业上有立竿见影的积极效果，但总比不能控制自己情绪的人要好得多。

驾驭好自己的情绪，增强自控能力，是取得成功的一个重要因素，也是成功人生的重要法则之一。

改变心态，一切不同

在日常生活中，我们往往见到有人乐观、有人悲观，为何会这样？其实，外在的世界并没有什么不同，只是个人内在的处世态度不同罢了。

"乐观者和悲观者的差别十分微小：乐观者看到的是甜甜圈，而悲观者看到的则是甜甜圈中间的小小空洞。"这个短短的幽默句子，透露了快乐的本质。事实上，人们眼睛见到的，往往并非事物的全貌，而只看见自己想寻求的东西。乐观者和悲观者各自寻求的东西不同，因而对同样的事物就产生了两种不同的态度。

有一天，有个小女孩站在一间珠宝店的柜台前欣赏珠宝，把一个放着几本书的包裹放在一边。当一个衣着讲究、仪表堂堂的男子进来，也开始在柜台前看珠宝时，小女孩礼貌地将她的包裹移开，但这个人却愤怒地看着小女孩，他说，他是个正直的人，绝对无意偷她的包裹。他觉得受到侮辱，重重地将门关上，走出了珠宝店，小女孩感到十分惊讶，这样一个无心的动作，竟会引得他如此愤怒。后来，小女孩领悟到，这个人和她仿佛生活在两个不同的世界，但事实上世界是一样的，差别只是小女孩和他对事物的看法相反而已。

几天后的一个早晨，小女孩一醒来便心情不佳，想到又要在单调的例行工作中耗上一天时，就满腔怨气地想：为什么有那么多笨蛋也能拿到驾驶执照？他们开车不是太快就是太慢，根本没有资格在高峰时间开车，这些人的驾驶执照都该吊销。后来，小女孩和一辆大型卡车同时到达一个交叉路口，她心想："这家伙开的是大车，他一定会直冲过去。"但就在这时，卡车司机将头伸出窗外，向小女孩招招手，给她一个开朗、愉快的微笑。当小女孩将车子驶离交叉路口时，小女孩的愤怒突然完全消失，心情豁然开朗起来。

这位卡车司机的行为，使小女孩仿佛置身于另一个世界。但事实上，这个世界依旧，所不同的只是态度而已。

每个人在生活中都会有类似的小插曲，这些小插曲正是我们追求快乐的最佳方法。要活得快乐，就必须先改变自己的态度。

现实中，人们忙着用物质以使自己的生活得到满足。于是，喧闹、嘈杂、一切烦琐的东西充斥在我们周围，人们渴望找一片宁静的港湾。究竟到哪里去找？其实，宁静就在人们的心里。

传说有一位国王拿出一大笔赏金，说是谁画得出最能代表平静祥和的图像就把赏金奖给谁。很多画家将自己的作品送到王宫，有的画了黄昏森林，有的画了宁静的河流，有的画了小孩在沙地上玩耍，有的画了彩虹高挂天上，还有的画了沾了几滴露水的玫瑰花瓣……国王亲自看过每件作品，最后只选出两件。

第一件作品画的是一池清幽的湖水，周遭的高山和蓝天倒映在湖面上，天空点缀了几抹白云，仔细看的话，还可以看到湖的左边角落有座小屋，小屋打开一扇窗户，烟囱有炊烟袅袅升起，表示有人正在准备晚餐。

第二件作品也画了几座山，山形阴暗嶙峋，山峰尖锐孤傲。山上的天空漆黑一片，闪电从乌云中闪过，天空降下了冰雹和暴雨。

这幅画和其他作品格格不入，不过如果仔细看的话，可以看到险峻的岩石堆中有个小缝，里面有个鸟窝。尽管身旁风狂雨暴，鸟窝里的小燕子还是蹲在窝里，神态自若。

国王将朝臣召唤过来，将首奖颁发给第二幅画的作者，他的解释是："宁静祥和，并不是要到全无噪音、全无问题、全无辛勤工作的地方才能找到。宁静祥和的感觉，就是让人即使身处逆境也能维持心中一片清澄。宁静的真谛就只有这么一个。"

人们忙着用物质来满足自己的生活，却不知过度地追求物质，正是造成挫折的主要原因。能填满自己寂寞心灵的其实只有自己！

欲望无垠，贪婪无边

从前有座山，山里有一个神奇的洞，里面的宝藏可使人终生享用不尽。但是这个山洞的门一百年才开一次。

有一个人无意中经过那座山时，正巧碰到百年难得的一次洞门大开的机会，他兴奋地进入洞内，发现里面有大堆的金银珠宝，他急忙快速地往袋子里装。由于洞门随时都有可能关上，他必须动作很快，并且要尽快离开。

当他得意扬扬地装了满满一面袋珠宝后，神色愉快地走出了洞口。出来后，发现洞门毫无关闭之兆，于是贪心顿起，把珠宝倒在地上，拿起空袋子又冲入洞中，可惜时刻已到，他和山洞一起消失得无影无踪。

故事很简单，却耐人寻味。

贪婪的人，被欲望牵引，欲望无垠，贪婪无边。

贪婪的人，是欲望的奴隶，他们在欲望的驱使下忙忙碌碌，不知所终。

贪婪的人，常怀有私心，一心算计，斤斤计较，却最终一无所获。

人不能没有欲望，不然就会失去前进的动力；但人却不能有贪欲，因为贪欲是个无底洞，你永远也填不满。前苏联教育家马卡连柯曾经说过："人类欲望本身并没有贪欲，如果一个人从烟雾弥漫的城市来到一个松林里，吸到清新的空气，非常高兴，谁也不会说他消耗氧气是过于贪婪。贪婪是从一个人的需要和另一个人的需要发生冲突开始的，是由于必须用武力、狡诈、盗窃，从邻人手中把快乐和满足夺过来而产生的。"

一个穷人会缺很多东西，但是，一个贪婪者什么都缺。

贫穷的人只要一点东西就会感到满足，奢侈的人需要很多东西才能满足，但是贪婪的人却需要所有东西才能满足。所以，贪婪的人总是不知足，他们天天生活在不满足的痛苦中，贪婪者想得到一切，但最终两手空空。

有这样一则寓言：

上帝在创造蜈蚣时，并没有为它造脚，但是它们可以爬得和蛇一样快。有一天，它看到羚羊、梅花鹿和其他有脚的动物都跑得比它还快，心里很不高兴，便嫉妒地说："哼，脚愈多，当然跑得愈快！"

于是，它向上帝祷告说："上帝啊我希望拥有比其他动物更多的脚。"

上帝答应了它的请求。他把好多好多脚放在蜈蚣面前，任凭它自由取用。

蜈蚣迫不及待地拿起这些脚，一只一只地往身上贴去，从头一直贴到尾，直到再也没有地方可贴了，它才依依不舍地停止。

它心满意足地看着满身是脚的自己，心中窃喜："现在，我可以像箭一样地飞出去了。"但是，等它一开始要跑步时，才发觉自己完全无法控制这些脚。这些脚噼里啪啦地各走各的，它非得全神贯注才能使一大堆脚不致互相绊跌而顺利地往前走。这样一来，它走得比以前更慢了。

任何事物都不是多多益善，蜈蚣因为贪婪，想拥有更多的脚，结果适得其反，脚却成了束缚它行动的绳索，代价可谓惨重。

朋友，为了让生活充满快乐，赶紧丢掉贪婪的包袱吧！

天下没有便宜的午餐

一个人应当把最初的痛苦和屈辱——大自然把这些送给他时毫不拖沓——作为这样的暗示接受下来：他除了自己劳动和自我牺牲所得的正当果实外，切不可期望别的好处。健康、面包、气候、社会地位，自有它们的重要性，应公平对待它们。把大自然看成一名终身顾问，把它的完美视为衡量我们偏差的精确尺度。

让他把黑夜当黑夜，把白昼当白昼。让他控制消费习惯。让他明白在个人经济上用的智慧跟在一个帝国上用的一样多，从中汲取的智慧也一样多。世界的法则就写在他手里拿的每一块钱上。

从前有一个帮人杀牛的屠夫，不但技术高超、工作认真，而且为人忠厚老实，长相也相当英俊，没有任何不良嗜好，真是人见人爱，用现在的标准来衡量也属于优秀青年。可由于他家徒四壁，又有个常年卧病在床的老母，小伙到了成家的年龄，却没有哪家的姑娘愿意嫁给他。大家都替他着急，纷纷给他说亲。

有一天，有个稀客来找屠夫的主人，说是要给屠夫提亲，对方是县太爷的千金。主人听了惊喜万分，当即把屠夫叫来。

"我身体有残疾，恐怕配不上县太爷的千金。"屠夫面无高兴之色。

"他根本没啥残疾啊。"主人甚是奇怪，可又问不出个所以然来，只好作罢，请来人转告县太爷，回绝了这门亲事。邻居听说这件事后，都觉得不能理解，为屠夫感到可惜，都说屠夫不知好歹。

"你们以为这样的好机会，我愿意放弃啊？当然是有原因的呀！"屠夫一脸无奈。"到底啥原因啊?"有好事者刨根问底。"他的女儿肯定丑得没人敢要。"屠夫答道。"你又没见过，何以晓得?"有人问。"依我多年杀牛的经验，每天我一拿到牛肉，就会分出哪些是上等牛肉、哪些是次等牛肉、哪些是下等牛肉，而往往上等牛肉早就有人预订了，最后只剩下那些次等牛肉和下等牛肉没人要，只好贱卖，甚至在每天收摊时要白送给别人，不然只有丢掉。所以，我推测县太爷的千金一定是长得奇丑无比，不然的话，这样的好事怎么会有我这样一个屠夫的份儿呢?"众人感到有理，无不佩服屠夫的眼光。

真的应该为屠夫叫好，为他没有落入县太爷的圈套而庆幸。天下没有便宜的午餐，便宜的背后肯定是伪装的陷阱。

第五章 勇气：将内心的恐惧一扫而光

生活就是这样，如果你在每一次关键的时刻选择了恐惧，那么你注定要被自己打败！

懦弱者，结果什么都干不成

生活在现代社会，我们必须摒弃害怕受伤、懦弱畏惧的心理，端正心态，以一颗健康有力的心尝试生活，明天才会有更好的开始。

懦弱的人害怕有压力的状态，因而他们也害怕竞争。在对手或困难面前，他们往往不善于坚持，而选择回避或屈服。懦弱者对于自尊并不忽视，但他们常常更愿意用屈辱来换回安宁。

懦弱者常常害怕机遇，因为他们不习惯迎接挑战。他们从机遇中看到的是忧患，而在真正的忧患中，他们也看不到机遇。

懦弱者不愿起冲突，因而他们也害怕刀剑，进攻与防卫的武器在他们的手里捍卫不了自身。他们当不了凶猛的虎狼，只愿做柔顺的羔羊，而且往往是任人宰割的羔羊。

懦弱总是会遭到嘲笑，而遭到嘲笑，懦弱者会变得更加懦弱。

懦弱者经常自怜自卑，他们心中没有生活的高贵之处。宏图大志是他们眼中的浮云，可望而不可即。

懦弱通常是恐惧的伴侣，恐惧加强懦弱。它们都束缚了人的心灵和手脚。

懦弱者常常会品尝到悲剧的滋味。中国历史上的南唐后主李煜性格懦弱，最终没能逃脱沦为亡国之君，饮鸩而死的悲惨命运。

当初，宋太祖赵匡胤肆无忌惮、得寸进尺地威胁欺压南唐。镇海节度使林仁肇有勇有谋，听闻宋太祖在荆南制造了几千艘战舰，便向李后主奏禀，宋太祖目的是图谋江南。南唐爱国人士获知此事后，也纷纷向李后主奏请，要求前往荆南秘密焚毁战舰，破坏宋朝南犯的计划。可李后主胆小怕事，不敢准奏，以致失去防御宋朝南侵的良机。

后来，南唐国灭，李后主沦为阶下囚，其妻小周后常常被召进宋宫，侍奉宋皇，一去就是好多天才被放回，至于她进宫到底做些什么，作为丈夫的李后主一直不敢过问。只是小周后每次从宫里回来就把门关得紧紧的，一个人躲在屋里悲悲切切地抽泣。对于这一切，李煜忍气吞声，只能把哀愁、痛苦、耻辱往肚里咽。实在憋不住时，就写些诗词，聊以抒怀。

李煜虽然在诗词上极有造诣，然而作为一个国君、一个丈夫，他是一个懦夫，是一个失败者。

其实，没有人能够完全摆脱怯懦和畏惧，再坚强的人有时也不免有懦弱胆小、畏缩不前的心理。但如果使它成为一种习惯，它就会成为情绪上的一种疾弊，使人过于谨慎、小心翼翼、多虑、犹豫不决，在心中还没有确定目标之时，已含有恐惧的意味，在稍有挫折时便退缩不前，因而影响自我设计目标的完成。

懦弱者害怕面对冲突，害怕别人不高兴，害怕伤害别人，害怕丢面子。所以，在择业时，因懦弱，他们常常退避三尺，缩手缩脚，不敢自荐。在用人单位面前他们唯唯诺诺，不是语无伦次，就是面红耳赤、张口结舌。他们谨小慎微，生怕说错话，害怕回答问题不好而影响自己在用人单位代表心目中的形象。在公平的机遇面前，由于懦弱，他们常常不能充分发挥自己的才能，以致败下阵来，错失良机，于是产生悲观失望的情绪，导致自我评价和自信心的下降。

美国最伟大的推销员弗兰克说："如果你是懦夫，那你就是自己最大的敌人；如果你是勇士，那你就是自己最好的朋友。"对于胆怯而又犹疑不决的人来说，一切都是不可能的，正如采珠的人如果被鳄鱼吓住，怎能得到名贵的珍珠？事实上，总是畏首畏尾的人，本身就不是一个自由的人，他总是会被各种各样的恐惧、忧虑包围着，看不到前面的路，更看不到前方的风景。正如法国著名的文学家蒙田所说："谁害怕受苦，谁就已经因为害怕而在受苦了。"懦夫怕死，但其实，他早已经不再活着了。

世上没有任何绝对的事情，懦夫并不注定永远懦弱，只要他鼓起勇气，大胆向困难和逆境宣战，并付诸行动，便开始成为勇士。正像鲁迅所说："愿中国青年都摆脱冷气，只是向上走，不必听自暴自弃者说的话。能做事的做事，能发声的发声，有一分热发一分光，就像萤火一般，也可以在黑暗里发一点光，不必等待炬火。"

人生在世，最可恨的就是懦弱窝囊地过一辈子，上天既然让我们降生于世，我们就应当承担起我们作为人的责任和义务，书写好那一个大大的"人"字。

有勇气，才有新的出路

很多时候并不是你的能力不行，也不是你没有机会成就大事业，而是你信心不足、勇敢不够，骨子里有着一种天然的惰性，一遇上困难就妥协了，退缩了，放弃了。成功者不是这样，他们敢于与命运抗争，大胆打造自己的"奶酪"，劲头十足，不断前进，直到取得自己满意的结果。

诺曼·利尔是当今电视界的一位杰出人才，曾是皮鞋推销员，当时他渴望成为好莱坞的作家。为了引起有关人士的注意，他采取了一般人通常所用的各种做法，但都不奏效。

于是，他勇敢地采取了一种新鲜少见的办法去表现自己的才能。他设法打听到了好莱坞一位知名喜剧演员家的电话。他马上拨通了电话，当他听清接电话的是明星本人时，他既不打招呼，也不作自我介绍，上来就说："你准爱听，这是个了不起的笑话。"接着他就念了一篇他自己写的非常滑稽可笑的短剧。他一念完，喜剧演员就哈哈大笑起来。

在他们后面的谈话中，这位明星问利尔是否做过电视方面的工作，这个甚至从没进过电视台大门的勇气十足的皮鞋推销员毫不含糊地说："当然。"这位知名演员对这个既能写出好的喜剧，又有电视工作经验的"不速之客"感到特别中意。谈话结束时，利尔得到了他的第一个写作工作——为丹尼·凯的圣诞特别电视节目撰稿。

还有这样一个例子：

杰利·韦因特伯是好莱坞最受推崇的经理人和制片商，代理着许多大明星的演出业务。在杰利的职业生涯中有过这样一次挑战——努力去赢得代理当时音乐界最轰动的明星艾尔维斯·普苛斯利的演出业务的机会，那意味着几百万美元的盈利。

他给艾尔维斯的经理人帕克上校打电话，要求代理艾尔维斯的演出活动，上校断然拒绝了。但杰利不服输，在整整一年时间里天天给上校打电话，在对方始终拒绝的情况下，他一直坚持着。

帕克问他："我为什么非得答应你？我欠别人那么多情，可是什么也不欠你的啊。"

杰利坚定、自信地答道："因为我非常擅长这一行，我能干得极其出色，给我个机会试试吧！"

最后，帕克说："要是你带着银行担保的 100 万元支票到我这儿来，咱们就可以谈谈。"这是个让人难以接受的强硬要求，当时，还没有过开价 100 万美元的先例。不过，杰利说服了一位和他一样勇敢的西雅图商人给了他这笔巨额投资。杰利带着他的"通行证"——一张 100 万美元的支票去见帕克，谈了自己的想法。帕克很快地收起钱，握着杰利的手说："你做成了这笔交易。"

一年以后，杰利已经在美国各地举办了艾尔维斯的演唱会。后来，帕克又把 100 万美元的支票退还给了杰利，原来他从收到支票那天起就一直把它放在书桌抽屉里。当杰利问他为什么不把支票兑成现金时，帕克说："我对这钱不感兴趣，我只是想看看你是否具有和那些人物打交道所必备的本事。"

　　这两个故事都表明了在危急关头无所畏惧、敢于坚持自己的行动和想法的好处。在平时，这些品质是你的一种宝贵的财富，而在危急关头，采取勇敢的态度，不仅有助于解决眼前的问题，而且可能是开创出新机会的一种手段。

　　古代的中国人就明白这一点，他们明智地认为，危机可以成为发展和进步的良机。事实上，"危机"是由两层意思组成的，一层意思是"危险"，而另一层意思是"机会"。

　　因此，要做个成功者，对你来说重要的是学会在困难时刻如何坚持前进。为了尽可能地赢得机会，你必须在紧急情况和发生问题时勇敢面对，坚持下来。只要你积极为克服困难而努力，就有机会找出新出路之所在。要相信，有勇气，才有新的出路。

学会做决定

在我们前进的道路上，有无数大大小小的事等着我们去决定。而在我们下一次做出重大决定时，大概又会犯上一次的重大错误。也许是因为过去犯了严重的错误——选错工作、挑错学校、在错误的时刻行动、做了错误的生意或买了太小或太大的房子时，大部分的人只会往后看，站在那儿惋惜不已——"如果我知道得更多"或"如果我有更多时间决定，每件事就会有很不一样的结果"。

我们没有办法知道每件事，但是有办法可以在我们决定前多知道一些，也有办法可以给我们多点时间思考。

许多人害怕做决定，因为每个决定对这些人而言，都是未知的冒险。而且最令人困惑的是，不知道这个决定是否重要。因为不知道这一点，他们毫无头绪地浪费力气，担忧无数的问题，最后什么都没处理好。做决定就像在我们不知道内心真的想要何物时随手丢铜板一样。焦虑感会逼迫、强制我们就目前的事实行动。很不幸的是，留给我们决定态度或做出选择的时间太短了。瞬间的决定通常最软弱，因为它们建基于只对目前有用的事实。结果总是不好，因为迫使我们做出这样决定的力量，经常会扭曲了事实、混淆了真相。当所有的决定都取决于现在时，事实上最好的决定是老早以前就决定的那一个。

决定应该能反映我们的目标，假如目标是明确的，则做决定就比较容易。没有目标的决定只是在那里瞎猜而已。对我们最好的决定可能不是最吸引人的，或是能让我们最快得到满足的那一个，这就是为什么"做决定"这件事显得如此复杂的原因。

在生活中，让人完全舒服的抉择很少。有时候放弃现在的享乐和做某些牺牲是享受长期快乐的唯一法宝。有时候做一些表面上看起来似乎比起另一选择差的决定，是能达到目标的仅有的方法。

在做出最佳决定前，我们必须先能分辨，这是个主要决定还是次要决定。主要决定值得我们花全部的或大量的注意力和精力，而次要的决定则不必花太大的精力。经常做出正确决定的人，会忽略那些明显的小观点，因为它们对他们的生活没什么大的影响。但是，一旦他们相信小的疏漏会产生大的影响时，他们就会快速做出反应，然后采取相应的措施。

对长期的问题提出短期的解决之道，通常是不佳的决定。做出不佳决定的人，可能没有意识到长期目标，或者只因为短期目标看起来比较容易做到，就选择了它。有许多短期的目标是人在害怕失败的压力之下决定的。试着花点时间来做决定，问问自己：我会因等待而失去什么？我可能赢得什么？虽然并不能总是确定决定是对的，但是花点时间来思考，其正确合理的可能性通常要大。

人们通常会做决定，因为他们不能够容忍迟疑不决，特别是年轻人。由于社会的期待与影响，许多年轻人还不清楚自己到底想要什么的时候就不得不做决定、做选择、做计划，并且去努力实现它们。于是，有些人就在他们还犹豫不定时就做了选择。尽管这样做有时是不明智的，甚至是糟糕的，他们也还是会感到解脱，感觉比较好过，但是他们很快就会发现更不好受。

迟疑未定有时会让人感觉混乱。但是通常在一阵困惑之后，有人就有可能放弃旧的想法和偏见，让问题更清晰可见，把目标加以调整，依另外的次序来做决定。从这个意义上说，犹豫不决可能是一个相当有价值的成长阶段的开始，每个人都应当珍视并从中获取一些有用的东西，以弥补我们的缺陷。

草率做决定只是在逃避自我怀疑，但是这样的做法只能将那些困惑、疑虑暂时埋藏起来。在以后的时间里，它们可能会在另外的人面前再次浮现，变成更棘手的难题。因为拖延解决问题而等到再次面临它时，就需要花费更大的力气了。当一些决定出现在我们面前需要定夺时，逃避便永远无法解决问题；而即使是一些小决定，当没有得到处理时，它最后也可能会成为超过我们能力所及的重要决定。

虽然某个决定不能使人快乐，但并不意味着它是错误的，因为没有哪个决定会让每个人都高兴，我们只能选择使目标完成更为容易的决定。

独立行动吧，你的一切作为都会——证明你是正确的，而伟大，则必须求助于未来。如果你今天坚定不移，把决定做对了，并且对人们的怀疑付之一笑，那说明你以前一定做对了很多决定，为的就是在现在为自己辩护。不管将来如何，现在把决定做对。如果你能够永远蔑视外表，那你永远都可以把决定做对。

生活中要充满勇气

在美国南部的一个农场里，有许多黑奴。

一天，一个黑奴的女儿推开了农场主的房门。

农场主很不高兴，恶狠狠地问她："什么事？"

那女孩子声清气朗地回答："我妈让我向您要一块钱。"

"不行，你走吧。"

"是。"女孩答应着，可是一点儿也没有要离开的意思。

农场主很生气："我叫你回去，你听不懂啊？再不走，我让你好看！"

女孩依然应了一声"是"，但仍然一动不动地站在那里。

这下可真把农场主惹火了，他气急败坏地抓起皮鞭朝女孩走去。

然而，那个女孩毫无惧色，不等农场主走近，反而先迎着他踏前一步，凛然的眼神一眨不眨地注视着凶恶的农场主，斩钉截铁地说道："我妈说无论如何都要拿到一块钱。"

农场主一下愣住了，细细地端详着女孩的脸，缓缓地放下皮鞭，从口袋里掏出一块钱给了女孩。

这是一个真实的故事，带给我们很多启示。那么，当你面对困难时，你该怎么办？当事情出了问题时，当他人对你产生了误解时，当你遭遇到失败时，当你的一切似乎都是暗淡无光时，当你的问题看起来好似不可能有令人满意的解决途径时，你又该怎么办呢？

难道你就任凭困难压倒你吗？难道你就束手无策，想逃之夭夭吗？

面对困难，你能激起斗志，把不利条件转化为有利条件吗？当你认识到你的目标并认识到目标经过努力是可以实现的时候，你能在深思熟虑后积极行动起来吗？

拿破仑·希尔说："每种逆境都含有等量利益的种子。"你想想：在过去，你虽遭遇过巨大的困难或不幸的经历，但它们却鼓舞你去夺取属于你的成功和幸福。这是为什么呢？

是你的勇气。是困难和不幸激发了你的勇气，使你不但没有被打败，反而获得了更大的动力，从而取得新的成功。

1914 年 12 月，大发明家爱迪生的实验室在一场大火中化为灰烬，损失超过 200 万美元。那个晚上，爱迪生一生的心血与成果在蔚为壮观的大火中消失了。

大火最凶的时候，爱迪生的儿子在浓烟和灰烬中发疯似的寻找他父亲。他终于找到了爱迪生：他正平静地看着火中的实验室，火光在他脸上摇曳着。爱迪生看见儿子就大声嚷道："查理斯，你母亲去哪儿了？去，快去把她找来，她这辈子恐怕再也见不着这样的场面了。"

第二天早上，爱迪生看着一片废墟说道："灾难自有它的价值！瞧，这不，我们以前所有的错误都给大火烧了个一干二净，感谢上帝，这下我们又可以从头再来了。"

火灾刚过去三个星期，67 岁的爱迪生就开始着手推出他的第一部留声机。

想想看，要是生命中每一项我们所求的事物，都只要花极少的努力就可以得到预期的结果，我们将什么也学不到，而生命也将索然无味。

有勇气创新才能获得更多

早在50多年前，英国就有一种下酒菜"炸土豆片"，很受酒吧的欢迎。这是一个市场很小的商品，并未引起人们的普遍注意，只有一家叫史密斯的公司控制着大部分市场。

此时，有个人发现：把这个土豆片当零食吃也不错。于是他立即收购了一个很不起眼的生产炸土豆片的小公司，即金奇妙公司。经过一番策划，将市场定位于男人下酒菜的土豆片扩大到妇女和儿童的零食。没多久，金奇妙土豆片一下子成为超级市场与街道小商店的热销小食品，并且冲出英国，走向了世界。到了后来，金奇妙土豆片刺激了民众巨大的潜在需求，而因定位的不同，也避开了与史密斯公司在下酒菜上争高低的同行业竞争。

上面的故事给我们的启示是：与同行竞争同一个有利可图的市场时，不要硬拼，而要改变固有观念，在新的市场定位上、产品新的功能上下功夫，形成一个"你打你的，我打我的，井水不犯河水"的新局面。

或许你不知道，铁丝网是一个牧羊人发明的。他本来是用光滑的铁丝围成篱笆管理羊群，后来看见有些羊从篱笆缝里钻出来，就把铁丝剪成段，在接头的地方做出刺来。这样相当有效。

还有，螺丝钉是一项重要的发明，但是当螺丝钉第一次出现的时候，螺丝帽上没有那一道"沟"，是后来由于方便旋转，有人加上了一条"沟"，再后来，又有人更进一步发明了电动旋转器，来节省旋转螺丝钉所消耗的时间。这就是一件发明越来越完善的过程。

人，自知手的握力有限，所以发明了老虎钳；

人，知道拳头的打击力有限，所以发明了榔头。

今天的世界比起150年前不知进步了多少，只要人类不停地积极创造，世界就一定还能够继续进步，将来的世界一定会比现在还好。试想，如果百年前的人类骄傲自满，停止发明创造，哪里还会有今天的文明呢？

确实，在这个世界上，人拥有着无限的创造力量，也拥有着无限的创造才能。只要我们始终拥有创造的冲动和欲望，就能不断发现新的领域，创造出新的事物。不要为已有的新奇现象所迷惑，也不要为日常例行的工作所催眠，经常在工作和生活中提醒自己：我还能发现什么奥秘？就是这一念头，使得我们今天才不必推独轮车、点煤油灯。

多年来，人们认为最好的跳高方式是俯卧式，即运动员跑向横杆，脸向前，起跳，翻滚过杆。但在1968年墨西哥城奥运会上，获克·福斯伯里采用一种新跳法获得了金牌，并打破了奥运会纪录，让全世界震惊。这种新跳法是他经过多年的努力而发明的，称之为"福斯伯里跳法"。以后数年内，多项纪录被改写，都是采用这种背跃式的新跳法创造的。

获克·福斯伯里引发了跳高方式的转变，以一种全新的方式代替了原有的方式，但是在他之前所采用的俯卧式跳法就完全错了吗？当然不是，因为在那个时候，俯卧式跳法是那时人们所知道的最好跳法。但如果我们现在想在国际比赛中采用俯卧式跳法则就是错误的，因为它现在已不再是最好的跳法了。一旦掌握了新的方法，没有人会再回到老路上去的，就如同使用背跃式跳法的人不会再去使用俯卧式跳法，至少在他们想取得成绩时不会如此。

其中，立即行动是创新中的一个关键。想法是银，行动是金。只有行动，理想才能变为现实；只有行动，才能一步一步接近成功；只有行动，才会有成果。创新靠的是头脑中的智慧，可是它永远不能只是想想而已，它只有在行动中才能表现出它的存在价值。

在我国改革开放之初，有兄弟两人，家住农村，他们几乎同时看到政府的富民政策给农村带来的巨大变化：农民开始摆脱过去那种自给自足的生活方式，穿衣戴帽都趋向了商品化。于是，他们决定每人办一个制衣厂，兄长说干就干，马上行动起来，买来了缝纫机，请来了师傅，采购了布料，不出半个月，产品就打向了市场。弟弟则行动迟缓，他想先看看兄长干的结果如何，然后再决定行动与否。起初，兄长的制衣厂发展并不顺利，产品销路也不很畅通，弟弟暗自庆幸自己明智。然而，经过半年多的摸爬滚打，兄长的制衣厂生意日渐兴隆。这时，弟弟后悔不迭，经过再三考虑，也办起了一个制衣厂。但是，时机已失，市场已经饱和，只好成为兄长工厂的附属，做一些简单的加工。

兄弟两人同时看到了机会，又几乎同时做出了相同的决定，所不同的是，兄长的行动准则是说干就干，弟弟的行动准则是有了十成的把握再动手。兄长尽管没有十足的把握，但积极行动的成功几率却非常高；弟弟要有十足的把握再干，看似稳妥，可这种稳妥却以失去机会作为巨大代价。我们反对干什么事都不管三七二十一，一味地瞎干，但是我们更赞成瞅准了机会就毫不迟疑立刻行动。

成功的门，等着勇气来推开

成功的门，从来不会自己打开，它只会等待有勇气的人们来打开。

有一个国王，他想委任一名官员担任一项重要的职务，就召集了许多威武有力和聪明过人的官员，准备试试他们之中谁能胜任。

"聪明的人们，"国王说，"我有个问题，我想看看你们谁能在这种情况下解决它。"国王领着这些人来到一座谁也没见过的大门前。国王说："你们看到的这座门是我国最大最重的门。你们之中有谁能把它打开？"许多大臣见了这门都摇了摇头，其他一些比较聪明一点的，也只是走近看了看，没敢去开这门。当这些聪明人说打不开时，其他人也都随声附和。只有一位大臣，他走到大门处，用眼睛和手仔细检查了大门，用各种方法试着去打开它。最后，他抓住一条沉重的链子一拉，门竟然开了。其实，大门并没有完全关死，而是留了一条窄缝，任何人只要仔细观察，再加上有胆量去推一下，都会把门打开的。

国王说："你将要在朝廷中担任重要的职务，因为你不光限于你所见到或听到的，你还有勇气靠自己的力量去冒险试一试。"

1968年，在墨西哥奥运会百米赛道上，美国选手吉·海因斯撞线后，转过身子看运动场上的记分牌，当指示灯打出"9.95"后，海因斯摊开双手自言自语地说了一句话，这一情景后来通过电视播出，全世界至少有几亿人看到，但由于当时他身边没有话筒，他到底说了什么，谁都不知道。

直到1984年洛杉矶奥运会前夕，一名叫戴维·帕尔的记者在办公室回放奥运会资料时突然好奇心大现，找到海因斯询问此事时这句话才被破译了出来。原来，自欧文创造了10.3秒的成绩后，医学界断言，人类的肌肉纤维承载的运动极限不会超过10秒。所以，当海因斯看到自己9.95秒的纪录之后，自己都有些惊呆了，原来"10秒"这个门不是紧锁的，它虚掩着，就像终点那根横着的绳子。

于是兴奋的海因斯情不自禁地说："上帝啊，那扇门原来是虚掩着的！"

有时候，不是做不到，只是我们不敢去想，多一分勇气，为自己加一把油，你会发现，原来，你也可以创造奇迹。

训练你的意志

没有什么恶劣的环境能永远囚禁一个有着坚强意志的人。

不要为你的放弃找借口。爱找借口说明你还没有坚强的意志力。

有能力做某件特别或独特的事是一回事，做不做得到是另外一回事。在当今巨大的失败群体里面，很多人都有着大量未被开发的潜力。为什么拥有潜力的人却没能让自己成功呢？

你说你希望不虚此生，你说你有雄心努力向上，那你为什么不付诸行动呢？你在等什么？是什么阻止了你？唯一的答案就是你自己。没有什么在阻止你，是你自己在阻止自己。机会在每个人的手上，也许你所拥有的机会远比成千上万个已经取得了成功的人曾有过的机会要好。

要靠自己去找出问题之所在。是肌体上的原因还是精神上的原因？你缺少体力吗？如果你真的缺少体力，那么你的生命力和意志就虚耗了。你有足够的教育吗？你所受的培训对于你的职业来说足够了吗？你知道是什么弱点使你不能得到你渴望的一切吗？其实，经常是一些细小、看似不重要的个人弱点像链锁一样拖住了人，使之不能实现他们的雄心——许多人缺少取得成功的意志。

不要找一些愚蠢的借口，比如说，你没有机会，没有人帮助你，没有人拉你一把，没有人让你变得重要，没有人告诉你出路……如果你有潜力，如果你真的称职，你就会在找不到路的时候开创出一条路来。

是生命中的各种困难磨炼了我们的体能和神经，增强了我们的勇气和力量。在一热带国家，食物长在树上等着人来吃，这些地方也没有住房或是穿衣的问题，因此人们自然而然地很懒散、马虎、不整齐。他们的本性让人难以忍受。他们不懂得征服自我或是征服环境，不能适应恶劣的气候，也不会开垦坚硬的土地，因此这些人对人类文明的贡献非常少。使得生命有意义的是人的行动、发明或创造、英勇的行为，产业的进步，科学，艺术，这一切都是生活在气候反复无常地区的人们克服无数困难，历经严寒与酷暑，通过与恶劣的自然条件进行斗争而取得的成果。

那些等待优厚条件或环境的人，会发现成功无论在哪个领域都不是一蹴而就的事情。那些能够排除环境干扰，在逆境中奋起，当别的人说他不行的时候仍能奋力胜出，实现"不可能"实现之事的人，以及那些能排除阻碍的人将能够得到世界。为什么？因为困难与阻碍锻炼了他的力量，而这一力量将一步一步引领他走向成功。

逆境是最能锻炼人的意志的，它能促使一个有决心的人走向成功。

一个人把他进取道路上所遇到的困难和不可能做到的事情看得越大，他取得成功的努力就会受到越多的限制。对一些人来说，他们看到前面的路充满了各种障碍、困难和认为无法做到的事，他们便什么也不去做；但也有一些人，他们觉得自己比试图阻止他们、试图把他们束缚住、将他们绊倒的困难要强大得多，他们甚至根本就不会注意到这些绊脚石。

比如，在现实生活中就有这样一个人，他习惯性地认为事情不可能做成，几乎任何一种困难都能把他难倒。除非他能清楚地看到通向他目的地的路，否则他一步也不敢向前走。如果他看到前面有困难，他就会失去信心，放弃去做他想要做的事。如果你让他去做任何具有挑战性的工作，他就会说："嗯，我想我做不来。事实上，这是不可能做到的。"其结果就是他不会在任何方面取得进步，永远也不会。

如果你正在努力做某件事，暂时不能挪开路上挡住你的石头，不要紧，更不必感到沮丧。那些在远处看起来大得吓人的困难在你走近的时候会渐渐变小。只要你有足够的勇气与自信，随着你不断前进，道路会为你而展开。阅读那些伟大人物的生平就会发现，他们从奋斗开始就在清理道路上的障碍。与他们所遭遇的困难相比，你的困难会"相形见绌"。坚定自己的信心，你就能减弱困难的程度。成功和高效率取决于坚定、持久的决心以及做我们心里想做的事的能力。义无反顾地投身于我们的目标，不偏左也不偏右，哪怕伊甸园试图诱惑我们，失败和灾难在威胁我们。

据与尤里乌斯·恺撒同时代的人说，恺撒的胜利与其说是由于其军事才能，不如说是由于其努力和决心。有一种人，他们决定要充分利用他们的眼睛，决不让任何前进时可能用得到的东西逃离他们的眼睛；他们的耳朵也随时都在倾听能够帮助他们的声音；他们的手总是张开着，以随时抓住每一个机会；对能够帮助他们在这世界上发展的一切事情他们都小心在意；收集人生的每一种经历，用来组成他们生命的伟大图画；他们的心灵也总是敞开着，以接受伟大的启示以及所有能激发灵感的东西，这样的人一定会有成功的人生。对于这一点，是没有什么"如果"或者"但是"的。这样的人只要有健康的身体，没什么能阻止得了他们最后的成功。

半臂的间隔将决定谁能在比赛中胜出，能行军更远的人将赢得战役的胜利，再多坚持5分钟不退缩的意志就能使一个人赢得战斗。上帝总是站在有决心的人的一边。意志总是能开创出一条路来，即使是在看起来不可能的地方。

第六章

挫折：未来成功的垫脚石

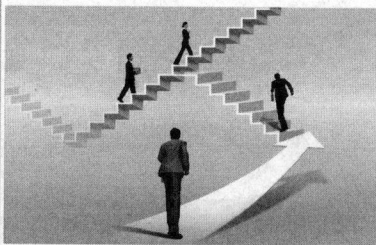

　　面对人生的挫折和失意时无条件投降的人不但会失去一切希望，而且会完全遗弃自己，并且会认为自己毫无价值而虚度宝贵的人生。

挫折不可怕，可怕的是挫折带来消沉

人生在世，总会有几番起落。在我们前进的道路上，挫折和失败在所难免。少年朋友学骑车、学游泳，往往会摔跤、呛水；青年学生高考落榜，失去上大学的机会；辛勤劳动者，盖起房屋却被洪水冲垮；商海弄潮儿，想赚钱反倒蚀了本；爱情出现风波，心上人移情别恋；朋友产生误会，友谊蒙上阴影……凡此种种，都属于挫折和失败。只要有人类存在，就一定有挫折和失败存在。

挫折和顺利，失败和成功，都是完整人生不可缺少的组成部分。它们之间，相辅相成，互相转化。老子曾说："福兮祸之所伏。"顺利往往伴随挫折而来，成功常常在失败中诞生。无数事实证明，挫折和失败是成功之母。

伟大的科学家爱因斯坦在小学读书时，同学们都骂他是"笨蛋"。有一天上手工课，老师从学生做的一大堆泥鸭子、布娃娃、蜡水果等作品中拿出一只很不像样的小木板凳，气愤地问："你们谁见过这么糟糕的板凳？我想，世界上不会有比这更糟糕的凳子了。"爱因斯坦回答："有的。"然后他从书桌里拿出两只更不像样的凳子说："这是我第一次和第二次做的。现在交给老师的是第三次做的，它并不使人满意，但总比这两只强些吧！"

19世纪法国著名小说家莫泊桑初学写作时，把习作送给当时的著名作家福楼拜看，由于质量不高，福楼拜不客气地要他把它烧掉，并劝他踏踏实实地从学习观察社会的基本功做起。经过长期坚持不懈的努力，莫泊桑终于成为短篇小说大师。

罗曼·罗兰是18世纪的著名作家、音乐家、社会活动家，他的第一篇小说《童年的恋爱》，送给当时一位权威批评家看时，也遭到否定，虽然他一时气得把原稿撕得粉碎，但他并没有灰心，继续坚持写作，终于成为世界闻名的大作家。

我国著名京剧表演艺术家盖叫天，为了表现武松的英姿，曾在眼皮中间撑两根火柴棒来练习眼睛睁圆。为了使腿部挺直，他走路时在腿弯处绑上两根削尖的竹筷子。不知经历了多少挫折和失败，不知尝了多少辛酸苦辣，终于成为了武台上的"活武松"。

挫折和失败，都是成功道路上不可或缺的因素。人，不经磨炼不成材；事，不历坎坷难正果。一切挫折和失败，都为崛起提供了不可多得的经验和契机。一位作家说："对苦难的一次承担，就是自我精神的一次壮大。"每一个有识之士、有志之士，都不应在挫折和失败面前逃遁、沉沦，而应在挫折和失败中抗争、崛起。在挫折和失败中自强不息，这是促使人的精神走向理性、走向成熟的条件之一。

挫折和失败不仅是人的生命中不可回避、必然出现的一部分，而且，它的出现可能使人的生命更加绚丽多姿。人们常说，无限风光在险峰。的确，生命似洪水奔流，若河道平坦，水流必然平缓，只有遇到岛屿和暗礁，生命之水才能激起美丽的浪花。

朋友们，请牢记"挫折和失败是成功之母"这一至理名言，直面挫折与失败，勇往直前，从而夺取成功！

挥挥手，向不幸告别！如果你沉迷了、退缩了，那不幸只能陪在你的身旁，做你永远的伴侣了！

挫折并不可怕，可怕的是我们不肯努力，任凭环境摆布，消磨意志，甚至从此消沉，最终一事无成。

挫折是我们最"讨厌"的朋友

漫漫岁月，生活道路上无不充满坎坷，如生活艰难、高考落榜、升职无望、体质不佳、借贷无门、办事受阻，等等。不管你喜欢不喜欢，不管你愿意不愿意，挫折随时都可能翩翩而来。

应该怎样看待挫折、怎样面对挫折呢?

"自古雄才多磨难"，历史上许多仁人志士在与挫折的斗争中创出了不平凡的业绩。司马迁在遭受宫刑之后，发愤著书，写出了被鲁迅誉为"史家之绝唱，无韵之离骚"的名著《史记》。音乐家贝多芬，一生遭遇的挫折是难以形容的。他17岁失去母亲，32岁耳聋，接着又陷入了失恋的痛苦之中。可贝多芬不消沉、不气馁，他在一封信中写道："我要扼住命运的咽喉，它妄想使我屈服，这绝对办不到。"他始终顽强地生活、艰难地创作，最终成为世界不朽的音乐家。

挫折虽给人带来痛苦，但它往往可以磨炼人的意志，激发人的斗志；可以使人学会思考，调整行为，以更佳的方式去实现自己的目标，成就辉煌的事业。科学家贝佛里奇说："人们最出色的工作往往是在处于逆境的情况下做出的。"因此可以说，挫折是造就人才的一种特殊环境。

当然，挫折并不能自发地造就人才，也不是所有经历挫折的人都能有所作为。法国作家巴尔扎克说："挫折就像一块石头，对于弱者来说是绊脚石，使其却步不前；而对于强者来说却是垫脚石，使其站得更高。"只有抱着崇高的生活目标，树立崇高的人生理想，并自觉地在挫折中磨炼、在挫折中奋起、在挫折中追求的人，才有希望成为生活的强者。

　　挫折是你最挑剔的朋友，它时时刻刻都在准备与你翻脸。但是不管怎么说，它最终还是你的朋友，当你真正接纳了它并且决心战胜它的时候，你就会发现，原来它也挺忠诚的。

　　挫折又是一剂良药，它有着"良药苦口利于病"的功效。你也许遇到过什么重大挫折，那时你会很悲伤，但你也觉得软弱无济于事。这时，你就应该抬起头来，向生活挑战，如此一来，你会惊讶地发现，挫折也不过如此。

　　挫折还是人生道路上的基石，没有经历坎坷，又怎能认识到坦途的平稳？而没有基石，又怎会有坦途？

　　朋友，请相信，挫折只是对意志的考验，只要有坚强的意志，就一定能登上成功的顶峰。

　　朋友，只有善待挫折，你才能在逆境中学会生存，才会历经苦难而事业成功。

　　有一些人在遭到挫折时总会编造出一点理由，为自己开脱，这就像"技术差的厨师，总说炉灶不好使"一样，没有真正认识到自己本身的不足之处，而怪条件不好。

　　对于挫折，只能去面对它、正视它，坚持自己心中必胜的信念，相信这些挫折不算什么，再大的困难险阻也能承受。历史上的名人志士哪一个没有在自己的生命之旅中受过挫折？正所谓："不经一番寒彻骨，怎得梅花扑鼻香？"只要能坚定信念，勇敢去挑战挫折，就可以拨云见日，踏上成功的大道。

　　只有那些经不起风浪、不敢接受挑战的人，才会被挫折吓倒，对于真正心中充满了热情、怀有坚定信仰的人，挫折不过是一顿午饭中吃出来的一粒小石子，第一次咬到时也许是碰痛了牙齿，但只要认清了它，确定了它的位置，就可以把它从食物中分离出来，并抛弃它。

生活中因为有挫折，才锻炼了我们的承受能力。它能时刻提醒我们在何处跌倒，就从何处爬起来，继续往前走。一个挫折往往可以使人们从中学到许许多多的东西，明白自己的许多不足之处。如果成功是一门学科，那么挫折就是一位老师，他善于用反面事例和材料教育人们明白成功的必备条件，从而使人们更好地去获得成功。

通向荣誉的路上，并非铺满鲜花，还潜伏着种种挫折。朋友，遇到挫折就勇敢去挑战它吧！记住，挫折并不可怕，可怕的是一个人已经失去了面对挫折的勇气！

悲观与乐观，在于你的选择

有一天，一个悲观主义者和一个乐观主义者一同在黄昏之时散步。悲观主义者触景生情地说：太阳正在坠落。乐观主义者则说：群星正在升起。看来，同样一件事，心态不同，情感不一，则会得出两个不同的结果。

生活中，我们时常会看到这样一种情况：有的人即使受到沉重打击，也能笑对生活，勇敢地活下去，最终成就一番事业；而有的人一遇挫折和困难就灰心丧气、怨天尤人，陷入痛苦的泥潭而不能自拔，甚至自暴自弃。

美国总统富兰克林·罗斯福是一位华出众而又对生活极其乐观的人。39岁那年，一场疾病几乎毁了他的事业，但他并没有因为疾病造成的双腿瘫痪而自卑沉沦，反而以乐观笑对人生，以残疾之身重返政坛。1932年，罗斯福在总统竞选中获胜，并连任四届，成为美国历史上任期最长的总统和美国人心中最伟大的总统之一。《钢铁是怎样炼成的》的作者奥斯特洛夫斯基、伟大的音乐家贝多芬、我国著名的军工专家吴运铎等人，都在遭受意外伤残后仍然能够笑看人生，乐观向上，为了自己的事业、为了心中的梦想而矢志不渝，谱写了蔚为壮观的人生篇章，成为人们学习的榜样。

"自古雄才多磨难，从来纨绔少伟男"，说的是一个人要取得成功，成就一番事业，就必须经历千辛万苦，战胜艰难困苦，不断地摔打和磨炼自己的坚强意志和顽强毅力。人生道路坎坷，曲曲折折，充满艰辛与挑战，丝毫也不奇怪，但如何对待它却是对一个人的严峻考验。当遇到这样那样的困难与挫折，甚至是惨重的失败时，怎么办？我们别无选择，只能乐观地、勇敢地面对挫折与困难，既不因为一时的挫折而心灰意冷，也不因为暂时的困难而畏难退缩，必须把挫折看成奋起的契机，将困难化作磨炼意志的动力，要在迎战挫折与困难的斗争中努力培养坚强的品质、意志和毅力。

人的身上蕴藏着一种潜在的力量，这种潜在的力量是巨大的，只是人们尚未去挖掘。一位外国作曲家在与人谈起创作感受时说："一磅铁只值几文钱，可是经过锤炼之后可制成几千根钟表发条，价值累万。音乐创作的价值就在于此。"这就告诉我们，铁可百炼成钢，人也可百炼成材。常言说："宝剑锋从磨砺出，梅花香自苦寒来。"消沉，是人生之大忌；奋发，才是进步之益友。古人尚有"头悬梁，锥刺股""凿壁借光"的意志和毅力，何况今人？

乐观是一个人的重要心理品质。研究表明，乐观的生活态度将会使人过得更愉快、更健康，更容易在事业上取得成功。相反，悲观则使人意志消沉、萎靡不振、抑郁孤独。所以，只有对人生持积极态度又敢于同世俗挑战的人，勇于压倒一切困难的人，敢于同命运抗争的人，才能永远在生活中保持乐观态度。如果你乐观，每天都有令你开心的事出现；如果你悲观，每天都有使你烦躁、苦闷、伤心、失意的事发生。有什么样的心理素质就有什么样的生活。只有一个成熟的人、一个热爱生活的人、一个充满爱心的人、一个对生活满怀信心和希望的人，才能把自己完美地融入社会群体之中，才能适应多种环境并获得成功。我们就应该努力把自己培养锻炼成这样的人。努力吧，胜利的桂冠、理想的果实永远属于那些执着追求、不懈奋进、乐观向上的人。

不奋起，你就会沉沦

　　成功者和失败者都有自己的"白日梦"。不过，失败者常常是虽祈望得到名声和荣誉，却从不真正为此做任何事情，最终只能在想入非非中度过一生。成功者则注重实效。当他们决心把自己的希望和抱负变成现实的时候，即使在重重摔倒以后，也总会坚强地站起来，他们从来没有被暂时的挫折击倒，而是勉励自己采取行动，向着目标奋勇攀登。

　　成功者总是年复一年地致力于某件事，以求得一条最合理、最实际的前进之路。无论面对什么情况，成功者都显示出创业的勇气和坚持下去的毅力。他们以一种大无畏的开拓精神，稳步行进在崭新的道路上，在挫折面前泰然处之，坚定不移。

　　成功者共有的一个重要品质就是在挫折和失败面前，仍然充分相信自己的能力，而不是去在意别人可能会说什么。考察一下一些知名人物的早年生活，就会发现他们中的一些人曾痛苦地遭到老师和同事的阻拦和泼冷水，而反对的焦点却恰恰是他们后来出类拔萃的方面。人们断言他们绝对办不成想干的事，或者说他们根本不具备必要的条件，但他们不听这一套，只是坚定地按照自己的信念干下去。

　　超级球星迈克尔·乔丹曾被所在的中学篮球队除名。

　　赛拉·霍兹沃斯 10 岁时双目失明，但她却成为世界上著名的登山运动员。1981 年，她登上了瑞纳雪峰。

　　瑞弗·约翰逊，是十项全能冠军，却有一只脚先天畸形。

赛乌斯博士的处女作《想想我在桑树街看到的》被 27 个出版商拒绝。但他没有放弃，终于，第 28 家出版社——文戈出版社看中了该书的潜在市场价值，很快将其出版并获得了 600 万册的销量。

《心灵鸡汤》在海尔斯传播公司受理出版之前曾遭到 33 家出版社的拒绝。全纽约主要的出版商都说，"书确实好得很"，"但没有人爱读这么短的小故事"。然而，现在《心灵鸡汤》系列在世界范围内售出了 1700 万册，并被翻译成 20 种文字。

1935 年，《纽约先驱论坛报》发表的一篇书评把乔治·格斯文的经典之作《鲍盖与贝思》评论为"地道的激情的垃圾"。

1962 年，4 名少女梦想成为专业的歌手。她们先是在教堂中演唱并举办小型音乐会，后来又灌制了一张唱片，但未获成功。接着又灌制一张唱片，但销量极差。第 3 张、第 4 张、第 5 张直至第 9 张唱片都未能使她们走红。1964 年，她们因《侦探克拉克的表演》而小有声名，但这张唱片也是订货寥寥，收支仅仅持平。那年年底，她们录制了《我们的爱要去何方》，结果荣登金曲排行榜榜首。黛安娜·罗丝及其"超级者"组合开始赢得其国人的认可，引起乐坛轰动，从而声名鹊起。

温斯顿·丘吉尔被牛津和剑桥大学以其文科太差而拒之门外。

美国著名画家詹姆斯·惠斯勒曾因化学不及格而被西点军校开除。

1905 年，艾尔伯特·爱因斯坦的博士论文在波恩大学未获通过，原因是论文离题而且充满奇思怪想。爱因斯坦虽感到沮丧，但这未能使他一蹶不振。

幸而，这些人并没有被挫折、失败吓倒，也没有听从别人好意却消极的劝告。相反，他们重新考虑那些权威们下的结论，并通过自己的努力奋斗否定了这些结论，所以，他们是伟人，历史也记录下了他们的名字。

换种思维，失败就是你的阶梯

换一种思维，你会发现，从失败开始是凡人的一个最大经验。

每个人，无论成功与否，其人生都是从失败开始的。正是有了无数次的失败做铺垫，一个人才有了一点能力，怀有一些经验，做成一两件事情。如果把成功比作摩天大楼的顶层，那么，失败便是摩天大楼顶层以下的所有阶梯和隐忍……这是你死我活的斗争，谁也不能图省事。这便需要耐心地沉在失败中，把自己淬得浑身是钢。

很多事情不能仅仅看表面和眼前，譬如我们遇到挫折、遇到困难，其实这时正是扎地生根的好机会，以使自己足够强壮，从而抵御未来的风暴。

一个春日，一群去郊外踏青的人突遇大雨，急忙跑到附近一农户家躲避，之后就和一好客的老农闲聊。

一人说："早春虽多雨，不过有利于庄稼生长。"

不料，老农却望着屋外绵绵的春雨说："不一定。如果现在风调雨顺，麦苗的根只生在浮土里，大风一来就很容易把它们毁掉。而如果开始时天气恶劣，麦苗必然生出很壮很深的根，这样才能接触到地下的水分和养料。即使日后刮大风、天大旱，它们也能挺住，活下去。"

再来看一看换一种思维的力量。

"我的手指还能活动；我的大脑还能思维；我有终生追求的理想；我有爱我

和我爱着的亲人与朋友；对了，我还有一颗感恩的心……"谁能想到，这段美妙的文字竟出自一位在轮椅上生活了三十余年的高位瘫痪的残疾人。这位残疾人就是世界科学巨匠霍金。在一次学术报告结束之际，一位年轻的女记者不无悲悯地问："霍金先生，卢伽雷病已将你永远固定在轮椅上，你不认为命运让你失去得太多了吗？"霍金显得很平静，他的脸上依然带着微笑，用他那根还能活动的手指艰难地敲击着键盘，打下了以上这段文字。

命运对霍金不能不说是苛刻的：他口不能说，腿不能站，身不能动，他几乎失去了所有常人所能拥有的最基本的生存条件。可他仍感到自己很富有，比如，一根能活动的手指，一个能思考的大脑……这些让他感到满足并对生活充满了感恩。有人说，每个人都是被上帝咬过的苹果，只因上帝特别喜爱某些人的芬芳，所以才对他咬得特别重。霍金就是这样一只苹果，上帝给了他残缺的肢体，却让他拥有了一个芳香的心灵。

别被失败迷惑

一位长者告诉一个渴望财富的青年，北海岸边有金贝壳，于是这个青年就不远万里，来到了北海岸边的海滩上，不顾一切地开始寻找金贝壳。

起初，他耐心地捡起每一枚贝壳仔细端详，确定不是金贝壳后才把它扔掉。北海岸边寒风袭人，青年拾起的每一枚贝壳都是冰凉的。天气的寒冷，事情的单调，使青年渐渐失去耐心，渐渐地，他只感觉一下，就将贝壳扔掉了。一天，两天，一个月，两个月，无数贝壳被青年捡起又扔掉，始终没有找到老者所说的金贝壳，青年人很颓丧，觉得自己已不可能找到金贝壳了。

但青年很执着很勤奋，一直不停地寻找着，终于有一天，一枚金贝壳被他拾在手中，但无数次的失败使青年无形中形成了思维定式，他只是感觉一下那枚贝壳，看都没有看，那个想法就又冒出来了：不可能，捡起来那么多都不是金贝壳，这枚怎么就那么天遂人意呢？青年就这样把金贝壳随手扔掉了。

后来，青年又捡到一枚金贝壳，又被他扔掉了。后来他老了，无奈地回到家乡，他告诉年轻人：北海岸边没有金贝壳。

其实，失败并不可怕，可怕的是当你得到成功后，却把它当成失败给扼杀了。所以，千万不要被失败迷惑。

逆水行舟，才是不平凡的人

因穷困潦倒而自甘堕落，是最平庸的人。能够逆水行舟才是真正伟大的人物。

人不愿选择，往往是由于面临左右为难、进退维谷的境地。但是，正因为是两难处境，才最需要选择。而且，在两难处境中，还可能存在最大机会——不仅是磨砺心志的最大机会，也是人生发展的最大机会。

历史上有许多有趣的例子：有很多人把绊脚石变成垫脚石，并且因而对这个社会有了杰出的贡献。辛普森小时候要套上矫正器，才能走到旧金山上；贝多芬是聋子，大文豪弥尔顿是瞎子；丹普赛仅以半条腿踢出了全国足球联盟历史上距离最远的射门纪录。一个人要善于抓住危机中的机会，才会获得成功。危机即是危险之中的机会。

亚伯拉罕·林肯生下来就一贫如洗，终其一生都在面对挫败，八次选举八次都落选，两次经商失败，甚至几乎精神崩溃。好多次，他本可以放弃，但他没有，也正因为他没有放弃，才成为美国历史上最伟大的总统之一。以下是林肯进驻白宫的历程简述：

1816 年，他的家人被赶出了居住的地方，他必须工作以扶养他们。

1818 年，他母亲去世。

1831 年，经商失败。

1832 年，竞选州议员——但落选了！

1832 年，工作也丢了——想就读法学院，但进不去。

1833 年，向朋友借一些钱经商，但年底就破产了，接下来他花了 17 年才把债还清。

1834 年，再次竞选州议员——赢了！

1835 年，订婚后就快结婚了，但伊人却死了！

1836 年，几乎精神崩溃，卧病在床六个月。

1838 年，争取成为州议员的发言人——没有成功。

1840 年，争取成为选举人——失败了！

1843 年，参加国会大选——落选了！

1846 年，再次参加国会大选——这次当选了！前往华盛顿特区，表现可圈可点。

1848 年，寻求国会议员连任——失败了！

1849 年，想在自己的州内担任土地局长的工作，被谢绝了！

1854 年，竞选美国参议员——落选了！

1856 年，在党的全国代表大会上争取副总统的提名得票不到 100 张。

1858 年，再度竞选美国参议员——再度落败。

1860 年，当选美国总统。

正如他说的那样：此路破败不堪又容易滑倒。我一只脚一跤，另一只脚也因而站不稳，但我回过气来告诉自己："这不过是滑一跤，并不是死掉爬不起来了。"

决定不了出身，就决定人生

在日常生活中，人们常看到这样的现象：父母抱怨孩子们不听话，孩子们抱怨父母不理解他们；孩子抱怨女朋友不够温柔，女孩子抱怨男朋友不够体贴。在工作中，也常出现领导抱怨下级工作不得力，而下级抱怨领导不够理解，不能使自己发挥才能的情况。总之，对生活永远是抱怨，而不是感激。

有一个年轻人，刚刚工作两年就换了四五个单位。一次，他闷闷不乐地去找他的大学同学喝酒，诉说自己得不到老板的重视，什么培训的机会都轮不到他，自己做了很多事却没有什么实质性的回报，他对那份工作一点儿兴趣也没有了，想辞职另找一份工作。大学同学没有直接说什么，而是给他讲了一个故事：

一只乌鸦打算飞往南方，途中遇到一只鸽子，一起停在树上休息。鸽子问乌鸦："你这么辛苦，要飞到什么地方去？为什么要离开这里？"乌鸦叹了口气，愤愤不平地说："其实我不想离开，可是这里的居民都不喜欢我的叫声，他们看到我就撵，有些人还用石子打我，所以我想飞到别的地方去。"鸽子好心地说："别白费力气了。如果你不改变你的声音，飞到哪里都不会受欢迎的。"

听完这个故事后，那个年轻人涨红了脸，好像明白了大学同学的意思。

一味地慨叹自己怀才不遇，一味地指责抱怨，只会更加荒废生命，不如想一想是不是自己努力得不够，静下心来正视自己、客观地反省自己，才能找到途径改变现状。我们应该感谢命运带给我们的一切，因为它在赐给我们灾难的同时也同样给了我们改变命运的机会。其实命运一直藏匿在我们的思想里。许多人走不出人生各个阶段或大或小的阴影，并非因为他们的个人条件比别人差，而是因为他们没有从思想里要走出阴影，也没有耐心慢慢地找准一个方向，一步步地向前，直到眼前出现新的洞天。

就读于湖北工业大学土木工程专业的学生田琴，在汉川老家中排行老四，上中学时一个姐姐突然患上了肌肉萎缩症。为了给姐姐治病，家里背上了沉重的债务，不识字的父母南下打工供田琴读书。

在厄运的笼罩下，田琴变得更加勤奋，争取用自己的努力来改变家庭的不幸。她不愿向命运低头，她知道命运就像一阵狂风，它刮得越凶猛，就越不能跟随命运随风摇摆，唯有通过自己的努力才能战胜一切苦难。

这种强大的力量驱使着田琴努力学习，最终考上了湖北工业大学土木工程与建筑学院，开学时她带着家里东拼西凑的 1000 元钱来到学校。开学不久，她找到了一份家教工作，并办理了助学贷款。

家庭的贫困并没有影响田琴的学业。开学伊始，她当上了班里的团支书，且一当便是四年。大二下学期，田琴竞选上了学院分团委副书记。学校内外，总可以见到她活跃的身影，在学院辩论赛上，她被评为最佳辩手；在学院英语演讲赛上，她获得特等奖。同时，她还是校报记者团一员，在校报上发表了十多篇文章。

20 多张获奖证书记载着田琴走过的大学时光。她连续几年获得学校奖学金，还被评为学校"百佳大学生""大学生标兵""优秀大学生"。

在大学的最后一年中，田琴获得了工程预算、工程监理等方面的实习机会，从而对自己的专业有了更深的了解。对于未来，田琴也充满了信心。田琴常用这句话来鼓励自己和身边的朋友："我们无法选择自己的出身，但我们可以创造自己的人生。"

挫折，让金子焕发光泽

想得到重视，抱怨是没有用的，它只会阻拦你前进的脚步，因为抱怨而得到的关注，也不过是怜悯和同情。提升自己很重要，能力是属于你的最大的财富，当你面对更大的挫折和考验时，你将能够更加游刃有余。

美国当代画家路西欧·方达，早期在创作油画时，遇到一个大挫折，心中也留下了伤痕，之后他的创作过程一直很不顺心。

有一天，他站在画布前，呆呆地望着画布许久，因为他完全不知道自己究竟要如何下笔。

突然，他丢下画笔，拿起一把刀子，用力把画布割破。

就在画布"嘶"的一声破裂的一刹那，路西欧脑海里也闪过一个念头："把画布割破，算不算是一种创作呢？"

于是，他把所有画布找出来，一一用刀子割破，而这一割，居然让他开创出一个新的艺术领域。后来，他还举办了一场展览会。从此，路西欧便成为当代最具代表性的艺术家之一。

路西欧就像"被苹果打中的牛顿"，因为被失败的苹果击中，他们才会有惊人的顿悟与成就。

在人生求胜的过程里，只有失败过的人，才知道解决的方法。也唯有经历过挫折的人，才懂得越挫越勇的美妙。

歌德说过，当人们越靠近目标的时候，困难也会越来越多。

当我们能够通过每一个逆境，能够搬开每一块绊脚石时，便朝着目标更进了一步。所以，有挫折不必抱怨，遭到讥笑辱骂也不必在意，反而是一帆风顺的人得小心，万一危险突然出现时，自己是否有应变解决的能力。

每个人经历挫折的时间不会相同，而一刹那醒悟的感动，却是每个人都相同的；而这个"一刹那"，只有亲身经历过的人才会明了。

在工作中有的员工会把不满、不幸的事挂在嘴边，他们过分强调"别人"，也就是老板这个外在因素，抱怨老板不重视自己，而从未从自身查找失误的原因。

一个销售员很不满意自己的工作，他愤愤不平地对朋友说："我的老板一点儿也不把我放在眼里，改天我要对他拍桌子，然后辞职不干。"

朋友对他说："我举双手赞成你报复！这样的老板一定要给他点儿颜色看看。不过你现在离开，还不是最好的时机。"

这人一脸疑惑地问："为什么？"

朋友说："如果你现在走，老板的损失并不大。你应该趁着还在这里，拼命去为自己拉一些客户，成为公司独当一面的人物，然后带着这些客户突然离开公司，你的老板就会受到重大损失，非常被动。"

这个销售员觉得朋友说的非常在理，于是努力工作。事遂所愿，半年多的努力工作后，他有了许多的忠实客户。再见面时，朋友对他说："现在是时机了，要跳槽就赶快行动哦！"

销售员兴奋地答道："我发现近半年来，老板对我刮目相看，最近更是不断给我加薪，并和我长谈过，准备让我做他的助理，我暂时没有离开的打算了。"

"这是我早就料到的！"他的朋友笑着说，"当初你的老板不重视你，是因为你的能力不足，又不努力，之后你痛下苦功，他当然会对你刮目相看了。"

第七章 坚持：成功就是等到最后

很多人失败了，但他们并不是被对手打败，而是他们等不到最后，自己首先选择了放弃！

不要让脆弱的意志影响自己

一切成功的起点都是欲望，但在将欲望变为成功的过程中，坚韧的意志是人最重要的个性特点之一。对于成功者，人们都喜欢说他们冷酷无情。其实不然，他们只不过是有着坚强的意志，能够冷静地面对事业进展过程中的每一个关键时刻而已。正是因为这一点，他们才能在困难的形势下，稳健地追求着自己的目标。

而有些人却缺乏这样的个性，他们总是欲望强烈，而意志脆弱。所以，遇到不利于自己的局势，就会听任脆弱摆弄意志，直到他所追求的目标成为记忆中一个遥远的影子。

冠军永远都属于那些被打倒了还会再爬起来的人。一次、两次不成，就再试几次。能不能成功，全看能否坚持到底。多数人没有达到目标，原因就在于不能坚持。百折不挠的毅力，才是成功人生的必备条件。

坚持不懈不是要你永远守着一件事不放，而是要全力以赴做好眼前的事——先求耕耘，再问收获；渴求知识和进步，不辞辛劳争取新客户；提早起床，随时寻求提高效率的方法。天才未必就能富有，最聪明的人也不一定幸福，只有辛勤工作、认真筹划和坚持不懈的人，才能成功。

精神病科候诊室里坐满了承受不起一时挫败的人，可如果继续尝试、坚定不移，他们还有希望告别痛苦。然而他们却完全放弃了尝试，即使是最轻微的挫折他们也怯于承受，总是担心那会动摇了他们的严格标准。

悲观无能的人通常会自以为是。他们经常会满怀歉意地说："噢，这事我办不到"；"这对我太难了"；"我不可能成为这样的人"。他们真正的意思是，那不是我的责任，再说我也不具备那个能力，因此犯不着那么辛苦地竭力奋斗。

相反地，健全而快乐的人洞悉世情、自知甚深。他们了解人非圣贤，孰能无过。他们知道偶然的挫败乃是人之常情。为这样的事过分自责，未免浪费精力，不如把宝贵的精力投注在尝试下一次的进攻上。

世界上已经寻获的钻石当中，最大最纯的一颗名为"自由者"，而它是一位名叫索拉诺的委内瑞拉人在挑选了 999999 颗普通石头时最后一次弯腰拾起的"鹅卵石"。

我们多数人常犯的毛病，就是不肯再试几次。因此，不要让脆弱的意志影响了我们，要学会坚持，学会再试一次。

在你的身后留下一串坚实的脚印

在你的身后留下一串坚实的脚印吧，总有一天你会发现自己是那个走得最远的人！

有志向、有野心的人，大都憧憬将来的辉煌成就，希望有朝一日能够光辉灿烂，甚至盼望着能欣赏到“一步登天”的壮丽景观。这种想法本无可厚非，甚至非常可贵，值得赞赏，但任何事情都是一步一步地干出来的，天上从来不会掉馅饼，你永远不要指望这些虚无的东西。要把美好的理想转化为现实，必须经过坚持不懈、锲而不舍的劳动。“合抱之木，生于毫末；九层之台，起于垒土。”只有将无数点点滴滴的“创造”积累起来，才能逐步向大目标迈进。

“九层之台，起于垒土。”一砖一木垒起来的楼房才有基础，一步一个脚印才能走出一条成形的道路。我们要相信，只有依靠自己的力量才是最实在，也是最可靠的。

长城不是在一天之内修建好的！突出的成就都是历尽艰辛、努力拼搏后才能获得的。成功从来就没有那么简单。事实上，我们经常看到，无论是在职业的选择中，还是在工作和劳动中，成功往往属于那些身处逆境的人，他们没有良好的条件，没有捷径可走，也不希求外在机会的垂青，所以，他们走的路最实在，他们所得到的机遇也就最多。青年人在选择职业时，必须充分认识到这一点，自觉而顽强地为自己创造机会。

体育运动员的汗水、鲜血让我们从中得到启示。以足球运动员为例，在一个赛季开始之前，他们要长年累月地进行训练——耐力、爆发力、断球、停球、射门等，不停地重复，不断地改进和完善。通过训练，他们改进自己的不足之处，力求每天都能提高一步。这样，到了比赛那天，他们才能够在追逐过程中画出一道道美丽的弧线，踢出几个精彩的富有想象力的进球，赢得观众的阵阵喝彩。每个成功都只能如此：付出代价。这个代价就是时间，就是耐心和努力。

一步一个脚印，你没有吃亏，因为你的每一步都是朝着你的目标迈进的。

在1984年5月10日香港报业工会举办的"1983年最佳记者"比赛中，香港《快报》记者曹慧燕夺得了三项"最佳记者"的金牌。曹慧燕为什么能在这个对她来说还很陌生的领域中取得成就呢？除了刻苦努力外，主要是她善于从小块文章写起。她白天上工，晚上自修英语，并利用业余时间写些杂感式的"小文章"，试着向报纸投稿。第一篇小文章在香港《明报》"大家谈"专栏上刊出后，她受到很大鼓舞。于是更加专注于这种"小成果"的努力。后来，她进入《中报》做香港报馆中地位最低、工资也很少的校对工作。在校对的同时，《中报》为她和她的一位同事开辟了一个名为"大城小景"的专栏，让她们每天撰写一篇短文。正是每天800字的专栏稿，磨炼了她的笔锋，活跃了她的思维，为她以后的成功奠定了坚实的基础。

如果我们将一个人追求的目标比作一座高楼大厦的顶楼，那么一级一级的阶段性的目标就是层层阶梯。这个比喻看来太浅显了，但不少人却忽视了这一循序渐进的"阶梯原则"。高尔基在同青年作家的谈话中说："开头就写大部头的长篇小说，是一个非常笨拙的办法。学习写作应该从短篇小说入手，西欧和我国所有最杰出的作家几乎都是这样做的。因为短篇小说用字精练，材料容易安排，情节清楚、主题明确。我曾劝一位有才能的年轻人暂时不要写长篇，先学写短篇再说，他却回答说：'不，短篇小说这个形式太困难。'这等于说：制造大炮比制造手枪更简便些。"

高尔基讲的就是循序渐进、一步一个脚印的道理。建造一幢大楼，要从一砖一瓦开始；绳锯木断、水滴石穿就在于点点滴滴的积累。阶段性目标虽然小，却始终在向上攀登，而每个小目标的胜利总给人以鼓舞，使人获得锻炼、增长才干。

一步一个脚印，成功水到渠成

　　台湾作家郭泰所著的《智囊100》中有一个有趣的故事：有个小孩在草地上发现了一个蛹。他捡回家，要看蛹如何羽化成蝴蝶。过了几天，蛹上出现了一道小裂缝，里面的蝴蝶挣扎了好几个小时，身体似乎被什么东西卡住了——一直出不来。小孩子于心不忍，想道："我必须助它一臂之力。"所以，他拿起剪刀把蛹剪开，帮助蝴蝶脱蛹而出。但是蝴蝶的身躯臃肿，翅膀干瘪，根本飞不起来。这只蝴蝶注定要拖着笨拙的身子与不能丰满的翅膀爬行一生，永远无法飞翔了。

　　这个故事说明了一个道理，每一个事物的成长都有个瓜熟蒂落、水到渠成的过程。这一过程就是一步一个脚印的过程。

　　相反，欲速则不达。

　　在半个世纪以前，美国洛杉矶郊区有个没有见过世面的孩子，他才15岁，却列了个题为"一生的志愿"的表格，表上写着："到尼罗河、亚马孙河和刚果河探险；登上珠穆朗玛峰、乞力马扎罗山和麦特荷恩山；驾驭大象、骆驼、鸵鸟和野马；重走马可·波罗和亚历山大一世走过的路；主演一部《人猿泰山》那样的电影；驾驶飞行器起飞、降落；读完莎士比亚、柏拉图和亚里士多德的著作；谱一部乐曲；写一本书；游览全世界的每一个国家、结婚生孩子；参观月球……"他把每一项都编了号，一共有127个目标。

　　当他把梦想庄严地写在纸上之后，他就开始循序渐进地实行。16 岁那年，他和父亲到佐治亚州的奥克费诺基大沼泽和佛罗里达州的埃弗洛莱兹探险。从这时起，他按计划逐个地实现了自己的目标。49 岁时，他已经完成了 127 个目标中的 106 个。这个美国人叫约翰·戈达德。他获得了一个探险家所能享有的所有荣誉。前些年，他仍在不辞辛劳地努力实现包括游览长城（第 49 号）及参观月球（第 125 号）等目标。

　　能够一步一个脚印，那么成功定会水到渠成。

不放弃，机会就来了

失败、挫折是不可避免的，但并不是不可战胜的。

不管做什么事，只要放弃了，就没有成功的机会了，不放弃就会一直拥有成功的希望。

"锲而舍之，朽木不折；锲而不舍，金石可镂。"金石比朽木的硬度高多了，但不要因为它硬，你就放弃雕刻，那样等待你的永远只是失望。只要锲而不舍地镂刻它，天长日久，也是可以雕出精美的艺术品的。成功不也是这样吗？只要你努力地追求，必会"精诚所至，金石为开"。

成功，往往就在于失败之后再坚持一下的努力之中。

人们经常在做了90％的工作后，放弃了最后让他们成功的10％。这不但输掉了开始的投资，更丧失了经由最后的努力而发现宝藏的喜悦。

日本的名人市村清池，在青年时代曾担任富国人寿熊本分公司的推销员，每天到处奔波拜访，可是连一张合约都没签成。因为保险在当时是很不受欢迎的一种行业。

在68天之间，他没有领到薪水，只领到了少数的车马费，就算他想节约一点儿过日子，仍连最基本的生活都难以维持。到了最后，已经心灰意冷的市村清池就同太太商量准备连夜赶回东京，不再继续卖保险了。此时，他的妻子却含泪对他说："一个星期，只要再努力一个星期看看，如果真不行的话……"

第二天，他又重新打起精神到某位校长家拜访，这次终于成功了。后来他曾描述当时的情形说："我在按铃之际之所以提不起勇气的原因是，已经来过七八次了，对方觉得很不耐烦，这次再打扰人家一定没有好脸色看。哪知道对方这个时候已准备投保了，可以说只差一张契约还没签而已。假如在那一刻我就这样过门不入，我想那张契约也就签不到了。"

在签了那张契约之后，又有不少契约接踵而来，而且投保的人也和以前完全不同，都是主动表示愿意投保。许多人的自愿投保给他带来了巨大的勇气与收益，在一月内他就因高业绩而一跃成为富国人寿的佼佼者。

也许你不比别人聪明，也许你有某种缺陷，但你不一定不如别人成功，只要你多一分坚持，多一分忍耐，多一分默默等待。

坚持还是放弃，结果大相径庭

　　黄文涛，1970 年出生于上海，他生下来就双目失明；他从小上盲校，离开父母的怀抱，养成了自己照顾自己的习惯，懂得了自立、自信、自尊、自强。1985 年，黄文涛加入盲童学校田径队，开始了他的体育生涯。他的主攻方向是短跑和跳远。可想而知，残疾人搞体育会有多少无法想象的困难和意外。当时使用的是非常落后的助跑器，踏脚板是用一支细长的铁钉支着的。有一次训练中铁钉斜伸出来，如果是正常人，可以很轻易地看出来，但他什么也看不见，一脚踏上去，一股钻心的疼痛便从脚底下传来，他一下子昏了过去。后来才知道，铁钉穿过了跑鞋底和他的脚掌，又从鞋表面伸了出来。因为先天的缺陷，他搞体育运动要付出许多在正常人看来非常无谓的代价。教练员的示范动作，他看不清，只能"盲人摸象"似的一步步分解、揣摩，一遍遍练习。因为没有视力，经常发生碰撞而流血。通往跳远用的沙坑的那条路原来长满了青草，但两年后，在黄文涛的脚下出现了一条寸草不生的跑道。

　　1992 年，黄文涛参加了巴塞罗那奥林匹克残运会。沉着冷静的他超水平发挥，以 3 厘米之距打败了西班牙的胡安，赢得了冠军。当他站在领奖台上时，聆听着庄严的国歌，心中充满了自豪感。

　　如果黄文涛对自己悲观失望，如果踩到钉子后向命运认输，放弃追求，那么站在领奖台上的就不会是他了。一旦在挫折、失败面前意志涣散，人就会很快并永远地沉沦下去，命运就会把你踩在脚下。只要摔倒后再爬起，失败后再坚持，不停地努力，困难也会怕你，挫折、厄运也会向你低头。

传说有一个人在游泳时将一颗珍珠掉入海中，他发誓要找回这颗珠子，便用水桶把海水一桶一桶地提起倒到沙漠里去，最后，海神也怕他把海水淘干，赶快帮他找回了那颗珍珠。

因此，是坚持还是放弃，结果会大相径庭。

身处寒冬，就不妨等待春天

逆境会让我们焦虑不堪，让我们神经紧张，让我们悲观失望。但是，有的时候逆境能够让我们冷静下来，重新考虑自己所处的位置、思考自己面临的问题，也许就在这个时候，事情有了转机，你也因此找到一条通往成功的捷径。

约翰在威斯康星州经营一座农场，当他因为中风而瘫痪时，就是靠着这座农场维持生活的。

由于他的亲戚们都确信他已经没有希望了，所以他们就把他搬到床上，并让他一直躺在那里。虽然约翰的身体不能动，但他还是不时地在动脑筋。忽然间，有一个念头闪过他的脑海，而这个念头注定了要补偿不幸给他造成的缺憾。

他把他的亲戚全都召集过来，并要他们在他的农场里种植谷物。这些谷物将用作一群猪的饲料，而这群猪将会被屠宰，并且用来制作香肠。

数年间，约翰的农场制作的香肠被陈列在全国各大商店出售，结果约翰和他的亲戚们都成了拥有巨额财富的富翁。

出现这样美好结果的原因，就在于约翰的不幸迫使他运用从来没有真正运用过的一项资源：思想。他定下了一个明确目标，并且制订了达到此一目标的计划，他和他的亲戚们组成智囊团，并且以强大的信心共同实现了这个计划。但是，别忘了，这个计划是在约翰中风之后才出现的。

当你遇到挫折时，切勿浪费时间去算你遭受了多少损失；相反地，你应该算算你可以从挫折当中得到多少收获和资产。你将会发现，你所得到的比你所失去的要多得多。

也许有人认为，约翰在发现思想力量之前，就必然会被病魔打倒；也有些人认为，他所得到的补偿只是财富，而这和他所失去的行动能力并不等值。但约翰从他的思想力量和他亲戚的支持力量中也得到了精神层面的补偿。虽然他的成功并不能使他恢复对身体的控制能力，却使他得以掌控自己的命运，而这就是个人成就的最高象征。他可以躺在床上度过余生，每天只为自己和他的亲人难过，但是他没有这样做，反而带给他的亲人们想都没有想过的安全。

我们应该学习去了解发自内心深处的轻声细语，并分析出导致我们遭到挫折甚至失败的原因。

爱默生对此事的看法是：发烧、肢体残障、冷酷无情的失望、失去财富、失去朋友，都像是一种无法弥补的损失。但是，平静的岁月却展现出潜藏在所有事实之下的治疗力量。朋友、配偶、兄弟、爱人的死亡，所带来的似乎是痛苦，但这些痛苦将扮演着引导者的角色，因为它会操纵着你的生活方式的重大改变，终结幼稚和不成熟，打破一成不变的工作、家族或生活形态，并允许建立对人格成长有所助益的新事物。

当然，从某种意义上来说，时间对于保存这颗隐藏在挫折当中的等值利益种子是非常冷酷无情的，而找寻隐藏在新挫折中的那颗种子的最佳时机往往就是现在。你也可以再检查一下过去的挫折，并找寻其中的种子。有的时候，我们会因为挫折感太过强烈而无法马上着手去找这颗种子。但是，现在你已有了更高的智慧和更多的经验，足以使你轻易地从任何挫折中学习它能教给你的东西。

有些时候，化解时间的残酷，只需要你耐心等待一会儿。

有一个流传在日本的故事，说的是一个叫阿呆和一个叫阿土的人，他们都是老实巴交的渔民，却都梦想着成为大富翁。有一天晚上，阿呆做了一个奇怪的梦，梦见在对面的岛上有一座寺，寺里种着49棵株模，其中的一棵开着鲜艳的红花，此树下埋藏着一坛黄金。阿呆醒来后便满心欢喜地驾船去了对岸的小岛。岛上果然有座寺，并种有49棵株模。此时已是秋天，阿呆便住了下来，等候春天的花开。肃杀的隆冬一过，株模花便一一盛放了，但开的是清一色的淡黄色花朵。阿呆没有找到开红花的。寺里的僧人也告诉他从未见过哪棵株模开红花。阿呆便垂头丧气地驾船回到了村庄。

后来，阿土知道了这件事。他也驾船去了那个岛，也找到了那座寺。又是秋天了，阿土没有回去，他住下来等待第二年的春天。春天一到，株模花竞相怒放，寺里一片灿烂。奇迹就在这时发生了：果然有一棵株模盛开出美丽绝伦的红花。阿土成了村庄上最富有的人。

这个奇异的传说，已在日本流传了近千年。今天的我们为阿呆感到遗憾：他与富翁的梦想只隔一个冬天。他忘记了把梦带入第二个花开灿烂的春天，而那些足可令他一世激动的红花就在第二个春天盛开了！阿土无疑是个执着的人：他相信梦想，并且等待另一个春天！

其实，等待既是一种痛苦，也是一种享受。没有痛苦的等待，是没有意义的；只有在痛苦中等待了所要等待的东西，这种等待才能升华为一种享受。

把自己垒高

一头驴子不小心掉到一口井里，它哀怨地叫喊求救，期待主人把它救出去。驴子的主人召集了数位亲邻出谋划策，但是都想不出好的办法搭救驴子，大家倒是认定，反正驴子已经老了，"人道毁灭"也不为过，况且这口枯井迟早也要填上的。

于是，人们拿起铲子开始填井。当第一铲泥土落到枯井中时，驴子叫得更恐怖了——它显然明白了主人的意图。

又一铲泥土落到枯井中，驴子出乎意料地安静了。人们发现，此后每一铲泥土打在驴子背上的时候，它都会做一件令人惊奇的事情：努力抖掉背上的泥土，踩在脚下，把自己垫高一点。

人们不断地把泥土往枯井里铲，驴子也就不停地抖掉那些打在背上的泥土，使自己再升高一点。就这样，驴子慢慢地升到枯井口，在人们惊奇的目光中，潇洒地走出了枯井。

假如我们现在就身处枯井中，求救的哀鸣也许换来的只是埋葬我们的泥土。可驴子教会了我们走出绝境的秘诀，便是拼命抖掉打在背上的泥土，那么本来埋葬我们的泥土便可成为自救的台阶。

我们终于明白，无论绝望与死亡如何可怕，走出枯井原来就这么简单。

如果抖掉泥土走出枯井是一种求生的本能的话，那么，潇潇洒洒、溜溜达达便是走出枯井的境界，是一种值得推崇的人生姿态了。

动物能够在绝境中垒高自己，摆脱困境，那么，人在垒高了自己以后就会创造奇迹。

一个皮革商喜欢钓鱼，他经常去的地方是纽芬兰渔场。有一年冬天的一个早晨，皮革商又来到了这个渔场。也许是因为头天晚上下了雪，那天天气很冷，凛冽的风刮在脸上像刀割一样。皮革商费了很大的力气才在结了冰的海上凿了个洞，然后开始钓鱼。

后来，他看到一个很有意思的现象：钓的鱼一放到冰上很快就冻得硬邦邦的，而且只要冰不融化，鱼过个三五天也不会变味。难道食物结了冰就可以保鲜？皮革商这样问自己。他开始了试验。经过多次研究，他发现不仅鱼类在冰冻的条件下可以保鲜，其他食品，比如牛肉、蔬菜都是如此。他决定制造出一台能让食品速冻的机器。

成功的路是很艰难的，在研制速冻机的过程中，皮革商吃尽了苦头，但他从不气馁。通过反复地试验，不断地总结，皮革商终于成功了。他向国家申请了专利，并且以3000万美元的天价把这项技术卖给了美国通用食品公司。他就是世界上第一代冰箱的发明者——美国人巴尔卡。

巴尔卡是一个懂得怎样垒高自己的人，这种垒高就表现在他具备一种发现的目光，表现在他具有成功的毅力和能力。收获是播种的孪生兄弟，巴尔卡就是经过自己不懈的奋斗，终于实现了自己的梦想。

把自己垒高，实际上就是说人要站得高些，站得高了，不但能有幸早些看到希望的曙光，还能有幸发现生命的立体的诗篇。每一个人的人生，都是这诗篇中的一个词、一个句子或者一个标点。我们可能没有成为一个美丽的词，一个引人注目的句子，一个惊叹号，但我们依然是这生命的立体诗篇中的一个音节、一个停顿、一个必不可少的组成部分。这足以使我们放弃前嫌，为世界带来更多的诗意。

最可怕的人生见解，是把多维的生存图景看成平面。因为，那平面上刻下的大多是凝固了的历史——过去的遗迹。人生不能像某些鱼类躺着游，人生也不能像某些兽类爬着走，而应该站着向前行，这才是人类应有的生存姿态。

当把自己垒高时，就还原了世界与人生的多维生存结构的真面目，自己也就不会被由于自己心理扭曲造成的虚幻现实所淹没。

立志，目标，不放弃——成功三原则

有一位父亲带着三个孩子，到沙漠上去猎杀骆驼。

他们达到了目的地。

父亲问老大："你看到了什么呢？"

老大回答："我看到了猎枪、骆驼，以及一望无际的沙漠。"

父亲摇头说："不对。"

父亲以相同的问题问老二。

老二回答："我看到了爸爸、大哥、弟弟、猎枪、骆驼，还有一望无际的沙漠。"

父亲又摇头说："不对。"

父亲又以相同的问题问老三。

老三回答："我只看到骆驼。"

父亲高兴地点头说："答对了。"

上面这个故事告诉我们，目标确立之后，就必须心无旁骛，集中全部的精力，注视目标，并朝目标勇敢迈进，这是迈向成功的第一步。

俗话说：无志者常立志，有志者立长志。

在我们的一生中，必须立下长久的志愿，才会有奋斗的目标。否则浑浑噩噩地过日子，就是虚度光阴。孔子在 15 岁时就立志儒学。日本高僧日莲法师也在 12 岁时，立下志愿要成为日本顶尖的人物。他们都是在年轻时就立下大志愿，终身为之奋斗，终于成为一代名人。

立下长志不但使生活变得有意义，而且也提高了生命的价值。相反，若一个人始终不知道自己一生中将做些什么事，不但不能体会人生的快乐，也会失去生存的意义。

松下幸之助曾说："即使是乞丐也会发下宏愿，努力乞讨，以求致富。"

这句话的意思不是说志向愈高愈好，因为所立下的志愿若超出了自己的能力，或脱离了现实范围，就成了妄想。"先衡量自己的能力，设计长远目标；从实际出发，制订长远的计划，一日一日地逐步去执行，才能达到理想。"

萧伯纳说："人生真正的快乐，在于你自认有一个伟大的生活目标。"

"每个人对工作看法的差异，就在人生观不同罢了。"

著名的心理学家马斯洛把人类的需求区分为五个层次，依次为：生理的需求（饥饿、性欲等基本需求）、安全的需求（免于恐惧、工作保障等）、社会的需求（亲情、爱情、友情）、自尊的需求（受他人的认可与尊敬）、自我实现的需求（立功、立德、立言）。

如果把这五项需求与"为何而工作"相互对照的话，"为生活而工作者"满足了生理与安全的需求，"为工作而工作者"满足了社会与自尊的需求，"为理想而工作者"满足了自我实现的需求。

有人问企业家张国安成功的秘诀，他回答说："先定一件事，之后就咬住不放。世界上成功的人，不是那些脑筋好的人，而是对一个目标咬住不放的人。"

张国安的话中谈到了两件事，一是选定一个目标，二是咬住不放。

一个人若想走上成功之路，首先必须确立目标，这是我们每个人都明白的道理。然而，是不是有了目标就会成功呢？

当然不是。还要咬住不放。咬住不放就是锲而不舍、坚持到底的意思。

王永庆说："年轻人踏入社会工作，只要你努力学，一年就可以得其要领，而三年有成。"

目前，许多年轻人胸怀大志，自信心十足，也勤奋努力，但稍遇挫折就放弃了。爱迪生说过，全世界的失败，有75%只要继续下去，原本都可成功；成功最大的阻碍，就是放弃。

日本有句俗话说："再冷的石头，坐上三年也会焐暖。"

这两句话主要是勉励我们，至少要三年咬定一个目标不放，全力以赴，才会有所成就。

所以，不论就业或创业，在选定一个目标之后，万万不可操之过急，必须愈挫愈勇，咬住不放，只有这样才会成功。

人生就像爬阶梯一样，必须一步一阶，丝毫取巧不得；只要一步一阶，终能抵达峰顶。

第八章

心态：从容走出属于自己的天地

心态好，就能让我们在生活中找到心灵的慰藉，就如我们在最黑暗的天空中依旧能或多或少地看到一丝亮光一样。尽管乌云布满了天空，但是我们还是知道太阳仍在乌云上，太阳光终究会照到大地上。

你的心态决定你的生活

英国作家萨克雷有句名言："生活是一面镜子，你对它笑，它就对你笑；你对它哭，它也对你哭。"如果我们心情豁达、乐观，我们就能够看到生活中光明的一面，即使在漆黑的夜晚，我们也知道星星仍在闪烁。一个心态健康的人，就会思想高洁、行为正派，就能自觉而坚决地摒弃肮脏的想法，不与邪恶者为伍。我们既可能坚持错误、执迷不悟，也可能相反，这都取决于我们自己。这个世界是我们创造的，因此，它属于我们每一个人，而真正拥有这个世界的人，是那些热爱生活、拥有快乐的人。也就是说，那些真正拥有快乐的人才会真正拥有这个世界。

性格会对一个人的生活有着极为重要的影响。性格好的人总能看到生活中好的东西，对于这种人来说，根本就不存在什么令人伤心欲绝的痛苦，因为他们即便在灾难和痛苦之中也能找到心灵的慰藉，正如在黑暗的天空中他们也总能或多或少地看见一丝亮光一样。尽管天上看不到太阳，层层乌云布满了天空，但他们还是知道太阳仍在乌云上，太阳光终究会照到大地上来。

具有这种性格的人，他们的眼里总是闪烁着愉快的光芒，他们总显得欢快、达观、朝气蓬勃。他们的心中总是充满阳光。当然，他们也会有痛苦、心烦意乱的时候，但他们不同于别人的就是他们总是愉快地接受这种痛苦，没有抱怨，没有忧伤，更不会为此浪费自己宝贵的精力，而是拾起生命道路上的花朵，奋勇前行。

具有乐观、豁达性格的人，无论在什么时候，他们都感到光明、美丽和快乐的生活就在身边。他们眼睛里流露出来的光彩使整个世界都溢彩流光。在这种光彩之下，寒冷会变成温暖，痛苦会变成舒适。这种性格使智慧更加熠熠生辉，使美丽更加迷人灿烂。那种生性忧郁、悲观的人，永远看不到生活中的七彩阳光，春日的鲜花在他们的眼里也顿时失去了娇艳，黎明的鸟鸣变成了令人烦躁的噪音，无限美好的蓝天、五彩纷呈的大地都像灰色的布幔。在他们眼里，创造仅仅是令人厌倦的、没有生命和灵魂的苍茫空白。

尽管乐观的性格主要是天生的，但正如其他生活习惯一样，这种性格也可以通过训练和培养来获得或得到加强。我们每个人都可能充分地享受生活，也可能根本就无法懂得生活的乐趣，这在很大程度上取决于我们从生活中提炼出来的是快乐还是痛苦。我们究竟是经常看到生活中光明的一面还是黑暗的一面，这在很大程度上决定着我们对生活的态度。任何人的生活都是两面的，问题在于我们自己。

我们完全可以运用自己的意志力量来做出正确的选择，养成乐观、快乐的性格。乐观、豁达的性格有助于我们看到生活中光明的一面——即使在最黑暗的时候也能看到光明。

从烦恼中寻找快乐

聪明的人往往能在令人烦恼的环境中寻找到快乐。烦恼本身是一种对已成事实的盲目的、无用的怨恨和抱憾，除了给自己的心灵带来折磨外，没有任何的积极意义。为了不让烦恼缠身，最有效的方法是正视现实，摒弃那些引起自己烦恼不安的幻想。世界上不存在你完全满意的工作、配偶和娱乐场地，不要为寻找尽善尽美的事物而挣扎。实际上，并不是所有在生活中遭受磨难的人精神上都会烦恼不堪。相信很多人对于生活的磨难、不幸的遭遇，往往是付之一笑，看得很淡；倒是那些平时生活安逸平静、轻松舒适的人，稍微遇到不如意的事情，便会大惊小怪起来，引起深深的烦恼。这说明，情绪上的烦恼与生活中的不幸并没有必然的联系。生活中常碰到的一些不如意的事情，仅仅是可能引起烦恼的外部原因之一，烦恼情绪的真正病源，应当从烦恼者的内心去寻找。大部分终日烦恼的人，实际上并不是遭到了多大的不幸，而是在自己的内心和对生活的认识上存在着某种缺陷。因此，当受到烦恼情绪袭扰的时候，就应当问一问自己为什么会烦恼，由此从内在素质方面找一找烦恼的原因，学会从心理上去适应周围的环境。

不管你生活中有哪些不幸和挫折，你都应以欢悦的态度微笑着对待生活。下面介绍几条原则，只要你反复地认真实行，就可以减轻或者消除你的烦恼。

第一，要朝好的方向想。有时，人们变得焦躁不安是由于碰到了自己无法控制的局面。此时，你应该承认现实，然后设法创造条件，使之向着有利的方向转化。此外，还可以把思路转向别的什么事上，诸如回忆一段令人愉快的往事。

第二，不要把眼睛盯在"伤口"上。如果某些令你烦恼的事已经发生，你就应该正视它，并努力寻找解决的办法。如果这件事已经过去，那就抛弃它，不要把它留在记忆里，尤其是别人对你的态度不友好时，千万不要耿耿于怀，更不要说："我总是被人误解和欺负。"当然，对于有些不顺心的事，可以适当地向亲人或朋友吐露，这样能够减轻烦恼造成的压力，心情会好受一些。

第三，放弃不切合实际的欲望。做事情总要按实际情况循序渐进，不要总想一口吃个胖子。有人为金钱、权力、荣誉奋斗，可是，这类东西你获得越多，你的欲望也就越大。这是一种无止境的追求。有人认为发财、出名似乎是一下子的事情，而实际上并非如此。因此，你应在怀着远大抱负和理想的同时，随时树立短期目标，一步步地实现你的理想。

第四，要意识到自己是幸福的。有些想不开的人，在烦恼袭来时，总觉得自己是天底下最不幸的人，谁都比自己强。其实，事情并不完全是这样，也许你在某方面是不幸的，在其他方面却是很幸运的。如上帝把某人塑造成矮子，却给他一个十分聪颖的大脑。请记住一句风趣而有哲理的话："我在遇到没有双足的人之前，一直为自己没有鞋而感到不幸。"

生活就是这样捉弄人，但又充满着幽默，想到这些，你也许会感到轻松和愉快。

摆正你的心态，端正你的目光

本杰明·富兰克林的成功激励了一代又一代美国人。富兰克林说：世界上有两种人，他们的健康、财富以及生活上的各种享受大致相同，结果，一种人是幸福的，而另一种人却得不到幸福。因为他们对物、对人和对事的观点不同，苦乐的分界就在于此。

一个人无论处于什么地位，遭遇总是有顺利和不顺利；无论在什么交际场合，所接触到的人的谈话，总有讨人喜欢的和不讨人喜欢的；无论在什么地方的餐桌上，酒肉的味道总是有可口的和不可口的，菜肴也是煮得有好有坏；无论在什么地带，天气总是有晴有雨。天才所写的诗文有美点，但也总可以找到若干瑕疵；差不多每一个人身上，都可找到优点和缺陷。乐观的人所注意的是顺利的际遇、谈话之中有趣的部分、精制的佳肴、美味的好酒、晴朗的天气等，同时尽情享乐。悲观的人所想的和所谈的却只是坏的一面，因此他们永远感受不到快乐，他们的言论在社交场所大煞风景，个别的还会得罪许多人，以致他们到处都显得格格不入。

如果你召开一次业务会议，结果其中有一位主管未能及时到场，这时你心中的感受就取决于你的意焦（注意力的焦点）所在。在你心中对于他之所以不能到场持什么样的看法呢？是他根本就不在乎这场会议，还是他碰巧遇上了什么困难？这就要看你是从什么角度去看了，你用什么样的意焦，就会造成什么样的情绪。如果说他不能及时到场，是因为正和别人紧张地谈一笔大生意，你却因他不在场而发火，待日后知道真相时该如何是好？别忘了，我们的意焦往往会决定我们的情绪，所以最好不要动不动便贸然下结论。

想让心情好起来，那也很容易，只要把意焦放在曾经使你快乐的事情上就行了。你也可以把意焦放在未来的美梦上，提早感受你将来成功时的兴奋与快乐。

假想你去参加一个宴会，随身带了一台摄影机。整个晚上，若是你把镜头一直对向大厅左侧一对在争吵的夫妻身上，是不是连带着自己的心情也不快了呢？就由于你一直看着他们的争吵，从而心里便兴起这样的念头："真是糟糕的一对，好好的宴会都被破坏了。"

然而，要是你整个晚上都把意焦放在大厅的右侧，那里围坐着一群高声谈笑的来宾，这时若有人过来问你对这场宴会的感觉，相信你一定会这么说："噢，这场宴会真是棒极了！"

面对不愉快，坦然一点儿

人的一生有许多日子会处于生活的低谷。很多原因都可能引起沮丧和烦恼，如情场失意、经济拮据、孤独寂寞、夫妻不和、亲子矛盾等。即使是一些无关紧要的小事，如想要的东西商店里一样也没有、上街受了陌生人的闲气、求人不成等，也会使人闷闷不乐。一切日常生活中碰到的失意和不快，都可能给人的生活蒙上一层阴影，这些大家可能都深有体会。

当不愉快的日子接踵而来的时候，就好像无边无际没有尽头。孩子们能多安静一会儿吗？为什么杯子会从手中滑落？为什么饭总做得一团糟？为什么我们的工作总是毫无起色？什么时候才能天遂人愿？

没有人能够逃脱不幸与不快。即使你长途跋涉，走遍天涯海角，寻得一个看破红尘的高僧，他同样也逃脱不了现实中的猜疑、精神上的不满和生活中的无聊。世界上不存在极乐天堂，没人能从世俗的烦恼中解脱出来，我们所能做的只有端正态度，妥当地去应付这些不愉快。

对于生活中一系列的不愉快，我们该如何看待呢？有三点你必须避免：一是对于事情过分追求完美，吹毛求疵；二是遇事爱抱个人成见，感情用事；三是自悲自怜，处处觉得自己是个受害者。

你是不是个追求完美的人？如果是，这种求全责备的生活态度必将无形中给你和他人的生活增加许多无法忍受的负担。真正的奋斗者会有一个确切的目标，并为之奋斗，最终达到这个目标。奋斗者严格要求自己，希望自己更趋完善。他们能从工作中获得满足。一项工作结束后，他们就抛开这里的一切，把注意力转移到其他事情上去。而那些爱挑剔、过分追求完美的人，却希望事事立竿见影，在一些细枝末节上钻牛角尖，些许差错也会令他们耿耿于怀。既然他们的要求从一开始就不实际，他们就永远也不可能满足自己，因此不得不在别人面前掩饰自己的过失。由于过分挑剔，他们不断地把责任推给别人，把自己造成的一系列问题归咎于他人的"不善"。

这些"他人"总爱打乱那些追求完美者有条不紊的世界——别在地毯上行走，今天早上刚打扫的。追求完美者遇见不顺眼的事，就容易大动肝火。这些人总是被一些鸡毛蒜皮的小事纠缠，结果什么也干不成。如果你在一些细微小事上过分纠缠不清，对自己、对别人过分苛求，就该想到世上没有尽善尽美的生活，也没有极乐天堂。当你能够原谅自己和他人的错误的时候，不愉快就会随之消失。

快乐其实是一种心态

生活快乐与否完全是取决于想，完全取决于我们对人、对事、对物的看法。如果我们想的都是快乐的，我们就能快乐；如果我们想的都是悲观的，我们就会悲伤；如果我们想的是一些可怕的情况，我们就会感到恐惧；如果我们想的是不好的念头，恐怕就不会安心；如果我们想的全是失败，我们就会失败；如果我们沉浸在自怜里，旁人也都会可怜我们。也许有人会说，这么说是不是告诉我们：对于所有的困难都应该用盲目的乐观态度去看待呢？

问题并不是这么简单。其实，我们都要以正确的态度来看待生活。换句话说，我们必须关切自我的问题，但不是忧虑。关切和忧虑之间的分别是什么呢？现在说得再明白一点，当我们要通过交通拥挤的道路时，就会很注意自己周围的情况——而不是无故的自我忧虑。关切的意思就是要了解问题在哪里，然后镇定地加以解决。

美国著名导演罗维尔·汤马斯雇用了几名助手，在第一次世界大战中用影片记录了劳伦斯和他那支传奇的阿拉伯军队，也记录了艾伦贝征服各地的经过。他那个穿插于电影中的演讲——"巴勒斯坦的艾伦贝与阿拉伯的劳伦斯"，在伦敦和全世界引起极大轰动。伦敦的戏剧节因此顺延了六个礼拜，还安排他在卡文花园皇家影院演讲这些冒险故事，并放映他的影片。他因此在伦敦声名大噪，之后又游历了好几个国家。后来，他筹备了两年的时间，准备拍摄一部在印度和阿富汗生活的纪录片。但是一连串的"时运不济"使得他彻底破产了。

从那时起，他不得不到街口的小餐馆去吃廉价的食物。要不是一位知名的画家——詹姆士·麦克贝借钱给他，他甚至连那些粗陋的食物也吃不到。当汤马斯面临庞大的债务而感到极度失望的时候，他很关切他目前的处境，可是他却不忧虑。他知道，如果他被霉运弄得垂头丧气的话，那么他在人们眼里就变得一文不值了，尤其是他的债权人。

所以，他每天早上出去办事之前，都会买一朵花插在衣襟上，昂首阔步地走在牛津街上。积极而勇敢的生活态度使他没有被挫折击倒。对他而言，挫折是整个人生训练的一部分——是攀登高峰所必须经过的训练。

我们深信，我们内心的平静来源于生活中所得到的快乐，并不在于我们在哪里，我们有什么，或者是什么人，与外在的条件并没有任何关系。思想的运用和思想本身，能把地狱造成天堂，也能把天堂造成地狱。拿破仑和海伦·凯勒就是这句话最好的例证。拿破仑拥有一般人所追求的一切——荣耀、权力、财富，却对圣海莲娜说："我这一生从来没有一天是快乐的。"而海伦·凯勒——又瞎、又聋、又哑，却表示："我发现生活是这样的美好！"

爱默生在他那篇叫作《自信》的文章的结尾处这样写道：一次政治上的胜利，收入的增加，病体的康复，久别好友的归来，或是其他纯粹外在的事物，都能提高你的兴致，让你觉得眼前的日子是那么美好。但千万不要去相信它，事情绝不会是这样的。除了我们自己以外，没有别的人能带给我们平静。

威廉·詹姆斯是实用心理学方面的权威，他曾经有过这样的理论："行动似乎是随着感觉而来，可是实际上，行动和感觉是同时发生的。如果使我们意志力控制下的行动规律化，也能够间接地使不在意志力控制下的感觉规律化。"他这段话的意思是：我们不能单凭下定决心就能改变我们的情感，可是我们可以变化我们的动作，而当我们变化动作的时候，就自然而然地改变了我们的感觉。接着，他解释说，"如果你感到不快乐，那么唯一能找到快乐的方法就是振奋精神，使行动和言辞好像已经感觉到快乐的样子。"

这种简单的办法是不是有用呢？我们不妨试一试：使我们的脸上露出开心的笑容来，挺起胸膛，深吸一口气，然后哼唱一首歌。我们会很快地发现威廉·詹姆斯所说的是什么意思了——也就是说，我们的行为能够显出我们快乐的时候，我们就不会再忧虑和颓丧下去了。

试问：如果让自己开心就能够创造出快乐，那我们又为什么要让自己和身边的人难过呢？

《人的思想》这本书，曾对许多人的生活产生了久远而良好的影响。书中有这么一段话："当一个人改变对事物和其他人的看法时，事物和其他人对他来说就会发生改变……要是一个人把他的思想导向光明，他就会很快地发现，他的生活也开始光明四射。人不能吸引他们所要的，却可能吸引他们所有的……能变化气质的神性就存在于我们心里。一个人所能得到的，正是他们自己思想的直接结果……有了奋发向上的思想之后，一个人才能兴起而有所成就。如果他不能振兴他的思想，他就会永远陷在软弱和愁苦之中。"

我们所希望得到的是能控制我们的能力：能控制我们的思想，能控制我们的内心精神。

所以，让我们记住威廉·詹姆斯的话："通常，只要把受苦者内心的感觉由恐惧改成奋斗，就能把大部分我们认为的邪恶改变为对自己有帮助的助手。"让我们为我们的快乐而奋斗吧！

失败，源于自己的心态

卡维娜是家庭中最小的孩子，自出生后一直体弱多病。她开始懂事时，便发现自己可以通过生病引来忙碌不停的母亲的关心，当感冒发烧待在家里时，母亲会念书给她听、拥抱她、让她看所有她喜欢的电视节目、逗她玩，等等。一旦卡维娜康复后，这一切美好的事情便不复存在了。

由于意志薄弱和过于胆小，卡维娜成了同学们极好的戏弄目标。她不能自卫，只好求援于老师，好在老师慷慨地为她提供保护，并斥责那些同学。

这两方面的经历，使卡维娜习惯于当自己受到欺侮时，便要求别人给以援助，并让别人对她表示抱歉。进入大学后，她已完全对失败泰然处之，并当作一种生活方式接受下来。毋庸置疑，她已成为校园里的一名孤独者，很难适应大学里那不受个人感情影响的客观环境。幸运的是，毕业后的她在一家保险公司找到了一个管文书的职务，她谦虚沉默得就像无言的墙壁。每当她的文书归档工作出现些小差错而被人指出时，她便噘嘴表示不高兴，并讨厌办公室的姑娘们对她不断诉说发生在她们身上的种种不公平而又不幸的事情。

一个偶然的机会，卡维娜加入了一个群体训练班。由于她习惯于失败的性格，在班上她从不参加任何讨论，也提不出任何建议，她为自己完不成任务找了各种理由。

通过集体的活动，卡维娜认识到了自己的问题之所在：

一旦别人指出我的错误，我就生气，希望同事们对我所面临的苛刻条件加以评论并给予我关心、爱护。

在吃午饭时，通过与人们的交谈，我感到他们会为我难过，并感到他们因比我的条件优越而对我施以报偿。

当我在成长过程中受到忽视时，我总是得到父母的格外疼爱与关心。

当我失败时能找到另外一个薪水更高的工作。

类似这样的情况在现实社会中大量存在，当一个人在竞争中失败后，他总是以别人对他表示的关心作为报偿，从而导致他永远不会真正地面对自己的缺点，他总以他人的歉意或善意的关心来满足自己之所失。

然而，这些人也经常会陷入另外一个极端，在他们的优势范围之内、在他们的内心深处会有这样的心态需要去战胜：

我总是根据自己的需要来看待别人和环境，我总是把自己摆在第一位，从未意识到生活是双行道，要想获取必须给予。

邢超先生是一位军官，由于他有雄心大志而受到了上下级的喜爱。但他的朋友不理解他为什么老是个少校。

邢超自己也疑惑不解。他是一位"军中之子"，军队便是他的生命。他的父亲是一位杰出的军人，他所担任的职位是他父亲不屑一顾的。父亲认为，有出息的人应把一切工作都做了，而像邢超这样的军官们则在办公桌后面虚度时光，只有在军人俱乐部的招待会或舞会上，他们才显得有点儿精神与活力。

邢超从不对他父亲的权威和智慧产生怀疑，甚至把父亲当作一位英雄来看待。邢超为自己成了父亲所蔑视的那个团体中的一员感到惭愧，他下意识地放弃了多次晋升的机会，以此来向父亲道歉。在将军举行的招待会上，他喝酒，喝醉了便与人争斗，有时还忘了呈交上面所要求的一些报告——总之，他成了自己最坏的敌人。

像邢超一样，他对自己违背了父母的意志而感到负疚，并尽最大的努力放弃自己的选择。

其实，要确定出谁属于负疚者类型的人是非常困难的，但如果你觉得自己陷入了这个范畴，就应当问自己：我日常承揽的工作是否过多？忙忙碌碌以至于实际上没有真正完成一种事情，我在破坏自己所确立的目标吗？负疚者正是一个老在追捕自己的人。

你是否陷入一种失败的心态？当你遇到烦恼事和心情不畅时，都有可能表现出种种失败的心态。时而有自我挫折感，时而有不现实的奢望，时而对自己抱有愧疚，时而感到恐惧。这都是正常的，是人的本能，对此应有思想上的准备。只有当你不断地、带有某种必然性地表现出以上说到的几种心理模式时，你才有可能陷入一种失败型的心态。当你决心把失败转变为成功时，你必须采取以下两个步骤：

第一个步骤是，认识到自己可能陷入了哪一种失败心态。

第二个步骤则更复杂些，你必须找出生活中那些使你做出消极的、自我毁灭反应的信号。

保持心理的平衡

生活中有许多不如意，大多源自于比较。一味地、盲目地和别人比，造成了心理不平衡，而不平衡的心理又使人处于一种极度的焦躁、矛盾、激愤之中，使人牢骚满腹，思想压力大，甚至不思进取。表现在工作上就是得过且过，有的人甚至会铤而走险，玩火烧身。因此，我们必须保持心理平衡。

以下几点建议，是走出心理失衡误区的秘诀：

学会比较。心理失衡，多是因为选择了错误的比较对象，即总与比自己强的人比，总拿自己的弱点与别人的优点比。最好不去比较，实在要比的话，就把和自己处于同一起跑线上的人当作比较对象。这样，生活中才可能会少一些烦恼，多一些笑声。

寻找自信。自信是心理平衡的基础。假如感到某方面不如别人，应相信自己是有才的，只不过是低估了自己的长处而已。

自我发泄。你有权发火，怒而不宣可导致体内毒素滋生，使人变得抑郁、消沉。适当地发泄可以排除内心的怒气，使人重新鼓起生活的勇气。发泄的方法很多，如可以向朋友、家人倾诉，也可以独处时怒吼，或对着某物打上几下，出出怒气。

寻找港湾。生活中需要一个能让自己"充电"、休养的港湾。无聊时去"充电"，烦恼时去放松，就像一只远航归来的帆船一样，在这宁静的港口及时得到休整。

心底无私。命运的主宰是自己，树立自己的世界观、人生观，经常思考、检查自己的所作所为，自重、自省、自警、自励。

享受生活。生活是美好的，虽然它有时候会和你开个玩笑，让你跌上一跤，但说不定让你跌倒的时候，会放一个金元宝在地上等着你去捡。

献出爱心。拾到一个钱包，与其整天提心吊胆、心神不宁，不如做件好事，奉献一片爱心，把钱包还给失主或是上交。为别人献出一点爱，心中会有更多的爱。

复返自然。大自然如同母亲的胸怀一样博大，如同上帝一样慷慨。烦闷时不妨到外面走走，回归自然。望着蔚蓝色的天空、朵朵的白云、潺潺的流水，听着那婉转的鸟鸣，心灵会慢慢趋于平静，快意会在不经意间涌上心头。

生活并不总是公平的，但是这并不可怕，可怕的是我们的心理因此而失去了平衡。

有的时候，我们就是跟自己比赛

我们何必总是羡慕别人的才能、幸运和成就呢？俗话说，人比人，气死人。你若总是希望别人的美丽草地变成自己的，就会越想越觉得自己不如别人。其实你并不比别人差，甚至有可能比别人还强些！

古希腊大哲学家苏格拉底在临终前有一个不小的遗憾——他多年的得力助手，居然在半年多的时间里没能给他寻找到一个最优秀的闭门弟子。

苏格拉底在风烛残年之际，知道自己时日不多了，就想考验和点化一下那位平时看来很不错的助手。他把助手叫到床前说："我的蜡所剩不多了，得找另一根蜡接着点下去，你明白我的意思吗？"

"明白，"那位助手赶忙说，"您的光辉的思想是得很好地传承下去的……"

"可是，"苏格拉底慢悠悠地说，"我需要一位最优秀的传承者，他不但要有相当的智慧，还必须有充分的信心和非凡的勇气……这样的人选直到目前我还未见到，你帮我寻找和挖掘一位好吗？"

"好的，好的。"助手很郑重地说，"我一定竭尽全力去寻找，不辜负您的栽培和信任。"

苏格拉底笑了笑，没再说什么。

那位忠诚而勤奋的助手，不辞辛劳地通过各种渠道开始四处寻找了。可他领来一位又一位，都被苏格拉底婉言谢绝了。有一次，当那位助手再次无功而返地回到苏格拉底的病床前时，病入膏肓的苏格拉底硬撑着坐起来，抚着那位助手的肩膀说："真是辛苦你了，不过，你找来的那些人，其实还不如你……"

"我一定加倍努力，"助手言辞恳切地说，"即使找遍城乡各地、找遍五湖四海，我也要把最优秀的人挖掘出来，推荐给您。"

苏格拉底笑了笑，不再说话。

半年之后，苏格拉底眼看就要告别人世，可最优秀的人选还是没有眉目。助手非常惭愧，泪流满面地坐在病床前，语气沉重地说："我真对不起您，令您失望了。"

"失望的是我，对不起的却是你自己。"苏格拉底说到这里，很失望地闭上眼睛，停顿了许久，才又不无哀怨地说，"本来，最优秀的就是你自己，只是你不敢相信自己，才把自己给忽略了、给耽误了、给丢失了……其实，每个人都是最优秀的，差别就在于如何认识自己、如何发掘和重用自己……"话没说完，一代哲人就永远离开了他曾经深切关注着的世界。

那位助手非常后悔，甚至后悔、自责了整个后半生。

"其实，每个人都是最优秀的，差别就在于如何认识自己、如何发掘和重用自己。"每个向往成功、不甘沉沦的人，都应该思索和牢记先哲的这句至理名言。

你自己就是一座金矿，关键是如何发掘和重用自己。

一百多年前，美国费城有几个高中毕业生因为没钱上大学，只好请求仰慕已久的康惠尔牧师教他们读书。康惠尔牧师答应教他们，但他又想，还有许多年轻人没钱上大学，要是能为他们办一所大学那该多好啊！于是，他四处奔走，为筹办一所大学向各界人士募捐。当时办一所大学大约需要投资150万美元，而他辛苦奔波了5年，连1000美元也没筹募到。一天，他情绪低落地走向教室，发现路边的草坪上有成片的草枯黄歪倒，很不像样，便问园丁："为什么这里的草长得不如别处的草呢？"

园丁回答说："您看这里的草长得不好，是因为您把这里的草和别处的草相比较的缘故。看来，我们常常只看别人的草地，希望别人的草地就是我们自己的，却很少去整治自己的草地。"

这话使康惠尔恍然大悟。此后，他积极探求人生哲理，到处给人们演讲"钻石宝藏"的故事：有个农夫很想在地下挖到钻石，但一直没有在自己的地里挖到。于是，他卖了自己的土地，四处寻找可以挖出钻石的地方。而买下这块土地的人坚持辛勤耕耘，反倒挖到了"钻石宝藏"。康惠尔向人们讲道：财富和成功不是仅凭奔走四方而能发现的，它属于在自己的土地上不断挖掘的人，它属于相信自己有能力"整治自己的草地"的人。他的演讲发人深省，很受欢迎。7年后，他赚得了800万美元，终于建起了一所大学。如今，他所筹建的高等学府依然屹立在费城，并且闻名于世。

让嫉妒转化成前进的动力

作为心理上的一种病态——嫉妒，可以危害人们的身心健康。最近美国一些医学专家经过调查发现，嫉妒程度低的人，在 25 年中只有 2.3% 的人患有心脏病，死亡率也仅为 2.2%。

相反，嫉妒心强的人，同一时期内竟有 9% 以上得过心脏病，其死亡率高达 13.4%。另外，据统计，嫉妒心强的人，很容易患头痛、高血压、神经衰弱等病症。还发现，大部分容易嫉妒的人都会生一些身体上的病症，如胃痛、背痛、情绪低落、行动失控等。

心理学教授指出：嫉妒是一种不道德的行为。有嫉妒心的人感到别人的成功贬低了自己，因为这一成功正是他想要取得的。他贬低他人或他人的成就，以此来弥补他认为损失了的那些东西。嫉妒可能以多种面目出现，或是对他人工作的诋毁和破坏，或是对他人思想的中伤。嫉妒也不一定溢于言表。亚里士多德说，嫉妒是对自己同胞所犯的罪行。也就是说，人最容易对与自己相像的人产生嫉妒。比如，你不喜欢打棒球，所以某个运动员打出个本垒打你也无动于衷。但是，如果你隔壁的一位教授获得本系最佳研究项目奖，那你的感受就完全是另外一回事了。

英国哲学家培根认为，嫉妒是一切情欲中最强烈、最持久、最堕落的一种。嫉妒心重的人看到别人在事业上取得了成就就会苦恼、不安与愤怒，而即使自己在工作中有些成绩仍会焦虑不安，生怕别人越过自己，因此总是生活在痛苦之中。总是沉浸在痛苦情绪中的人，怎么能兢兢业业、努力工作，充分发挥自己的创造性，做出应有的贡献呢？

嫉妒心重的人看到别人取得成绩、受到表扬，特别是超过了自己，就会设法贬低别人，有时甚至不惜降低自己的人格搬弄是非，散布流言蜚语，诽谤中伤别人。因为他们的精力用在攻击别人上了，所以又怎么能发挥智力效应，在自己的工作上做出显著成绩呢？

嫉妒心重的人往往人际关系紧张，因为他们总是在别人背后说三道四，自然会引起被攻击者的反感，造成人际关系紧张。

那么，染上嫉妒恶习的人应该怎样克服这一性格弱点呢？

首先，要充分认识嫉妒害人害己的后果。要心胸开阔，正确对待在事业、学习和生活上比自己能干的人。其次，嫉妒者多半会把自己的主要精力和全部智能下意识地用于攻击和伤害被嫉妒一方。虽然有些嫉妒者也知道于事无补，但仍像中了邪似的受制于它。一种克服消极嫉妒心理的较好办法是：唤醒你的积极心理，勇敢地向对手挑战。积极嫉妒心理必然会使你自爱、自强、自奋。当你发现你隐隐地嫉妒一个在各方面比自己能干的同事时，不妨问自己几个为什么，并设想一下结果如何。在你得出明确的结论之后，肯定会大受启发。

长时间地沉浸在嫉妒之火的折磨和煎熬中，能使自己改变面貌。要赶超他人，就必须横下一条心，在学习与工作上加倍努力，以获得成功。你不妨借助心理的强烈超越意识去奋发努力，升华这股嫉妒之情，建立强大的自我意识以增加竞争的信心。

自卑感强的人易嫉妒，因为他们想逃避现实而故意虚张声势，因为失败而产生嫉妒。所以，首先要对自己的能力有一个客观的认识。不自我夸大，亦不自我贬低。只有在自我感觉好、自我意识能力强的前提下，才能变消极嫉妒为积极嫉妒，也才能在积极嫉妒心理中获取能力。当然，在你反问几个"为什么"之后，仍觉得自己的天赋、客观条件、知识、能力都不如人也无妨，不要自卑，更不要嫉妒。你不妨再找找自己的优势，在某一方面发挥自己的优势，在竞争中发挥自己的才智，从而找到自己的心理位置，得到生活的乐趣。

　　总之，对于他人在事业上的成功，既要嫉妒，又要不嫉妒：嫉妒，就是积蓄自己大量的精力、时间、智慧去产生积极心理；不嫉妒，就是要洒脱和不甘于落后，对自己充满必胜的信心。这才是强者的风度。

自我减压，学会"举重若轻"

在一个讲究高效率的现代社会里，人们实际上不仅要在工作中承受这种高效率所带来的巨大压力，同时还要承受一个高度发达的社会环境给人们的生活所带来的压力。在压力日益增大的环境中，许多人已不知不觉地成了工作和生活压力的奴隶，而且他们长期处于紧张状态的身体也开始不断发出不和谐的"抱怨"。最近发表的一项科学研究报告表明，长期处于紧张状态会对人体健康产生致命的影响。

一项最新科学研究表明，当一个人由于工作和生活压力所迫长期处于紧张状态时，其体内有一种叫作 IL-6 的免疫蛋白的浓度会超过正常值。存在于血液中的 IL—6 免疫蛋白是一种能够引发炎症的物质。研究证明，这种免疫蛋白与一些中年人易患的疾病如心脏病、糖尿病、骨质疏松症、虚弱和某些癌症有关。研究结果还表明，紧张对人体健康产生的影响与人的年龄增长成正比，岁数越大的人，紧张状态对其健康所产生的损害也就越大。此外，研究人员还发现，那些工作或生活在紧张环境中的人容易做出一些使 IL-6 浓度升高的事情，例如抽烟或猛吃猛喝，而吸烟和发胖都会使 IL-6 浓度上升。同时，研究人员还告诫说，那些身处紧张环境中但尚未出现严重疾病的人千万不要以为自己的"抗压能力"很好，因为紧张对人体健康的影响有个累积的过程。

在这项长达六年的跟踪研究里，科学家发现，让人紧张的不仅是工作。研究还表明，那些需要长期照顾家中重疾患者的被调查者的心理紧张程度和孤独感会持续很久。研究还发现，当久病的配偶去世后，这些人的体内还会有大量 IL—6。

甚至在几年之后，他们身上 IL-6 的浓度仍下不来。因此，研究人员指出，那些上有老、下有小且自己年龄已进入中年的人要注意缓解生活压力，以减少压力对身体所产生的影响。

人有压力是不可避免的，谁还没有个烦心事儿呢？既然明白了这一点，就要学会自我"减压"，化解紧张。

当人步入中年后，工作上的压力通常表现为所担负的责任多了，也重了；生活上的压力则表现为膝下儿女所要操心的事越来越多，家中老人的健康问题也越来越多。在这种情况下，专家建议，中年人应学会"举重若轻"，自己给自己减压。对上司赋予自己的工作重任以乐观的心态去对待，千万不要自己给自己增加压力。人们常说的"工作是永远做不完的"，并非没有道理。实际上，时时刻刻都挂念着工作并不是一种理性的工作态度。因为从客观上讲，人所能承受的压力毕竟是有一定限度的。因此，光敬业还不行，还应讲究如何在保持自己身心健康的前提下更好地敬业。此外，中年人对儿女的事情也应多放手，不要总是放不下心，管得太多。从某种意义上讲，当儿女成人后，你放手得越早，他们和你也就越能早些获益。

另外，可以适当地学会"诉苦"，以减轻心中的郁闷。人们在工作和生活中所遇到的压力是各种各样的。减轻这些压力有一个通用配方，就是"诉苦"。每当自己感到有压力时，不妨找自己的好朋友倾诉一下。如果一时找不到合适的朋友听自己倾诉，自己对自己倾诉对减轻压力也是有帮助的。有不少人认为，向别人倾诉自己的苦处是一种懦弱的表现。实际上，倾诉内心的郁闷是一种科学的心理排遣方式，与坚强与否没有任何关系。

先改变自己

很久很久以前，人类还赤着双脚走路。

有一位国王到某个偏远的乡间旅行，因为路面崎岖不平，有很多碎石头，硌得他的脚又痛又麻。回到王宫后，他下了一道命令，要将国内所有的道路都铺上一层牛皮。他认为，这样做不只是为自己，还可造福他的人民，能让大家走路时不再受痛苦。

但是，即使杀尽国内所有的牛，也筹集不到足够的皮革，而所花费的金钱、动用的人力，更不知有多少。虽然根本做不到，甚至还相当愚蠢，但因为是国王的命令，大家也只能摇头叹息。这时，一位聪明的仆人大胆向国王提出谏言："国王啊，为什么您要劳师动众，牺牲那么多头牛、花费那么多金钱呢？您何不只用两小片牛皮包住您的脚呢？"国王听了很惊讶，但也当下领悟，于是立刻收回成命，采纳了这个建议。据说，这就是"皮鞋"的由来。

想改变世界，很难；要改变自己，则较为容易。

与其改变全世界，不如先改变自己——"将自己的双脚包起来"。

我们可以用智慧来改变自己的某些观念和做法，以抵御外来的侵袭。当自己改变后，眼中的世界自然也就跟着改变了。

如果你希望看到世界改变，那么首先必须改变的就是自己。

心若改变，态度就会改变；态度改变，习惯就会改变；习惯改变，人生就会改变。

人的价值，由自己决定

卢梭说："人的价值，是由自己决定的。"文凭、权力、地位、金钱都不能作为衡量人价值的尺度。有的人虽然拥有全世界，却不会拿出一块石子给人，这种人便是最穷的人，人生也没有价值可言；有的人虽已站在最高处，却不肯伸一只手来扶助跌倒的人，这种人便是最贱的人，人生也没有任何价值。有的人虽是平民百姓，却有美好善良的心灵，能够广布恩德于人，这样的人将比有职位的官员更受人尊敬，他的人生更有价值。高高在上的官吏，如果贪婪成性，只知利用手中权力损公肥私，那么他地位再高，也像乞丐一样没有人格，也像禽兽一样没有人性，也像杀人犯一样没有价值，没有苟活于世的必要。

为人不可过于看重名利，只为自身享乐而活，否则就会丧失自身存在的价值。其实，一切名利，都只是过眼云烟。佳人艳丽，终究会有美人迟暮的一天；功名再高，也如庄生梦蝶、海市蜃楼一样，到头来只是虚幻一场；金钱再多，也是生不带来，死不带去。百年后，能让世人忆起的只有为社会做出贡献者。在生命结束的时候，一个人如果能问心无愧地说"我已经不虚此行了"，那么他便此生无悔了。

只有那些有益于社会、有益于人民的人才能高贵地活着。

《读者》上曾经登载过这样一个故事：美国历史上最胖的好莱坞影星利奥·罗斯顿因演出时突然心力衰竭被送进汤普森急救中心。医务人员用尽一切办法也没能挽回他的生命。罗斯顿临终前喃喃自语："你的身躯很庞大，但你的生命需要的仅仅是一颗心脏。"

作为一名胸外科专家，哈登院长被罗斯顿的这句话深深打动，他让人把它刻在了医院的大楼上。

后来，美国石油大亨默尔也因心力衰竭住进了这个急救中心。默尔工作繁忙，他在汤普森医院包了一层楼，增设了五部电话和两部传真机。当时的《泰晤士报》称这里为美洲的石油中心。

默尔的心脏手术很成功，但他出院后没有回美国，没有继续他的石油生意，而是住在了苏格兰乡下的一栋别墅中，并且卖掉了自己的公司。他被医院楼上刻着的罗斯顿的话深深打动了。他在自传中写道："富裕和肥胖没什么两样，都不过是获得了超过自己需要的东西罢了。"

默尔是伟大的，他能及时醒悟，领悟到人生的真谛。现实生活中，又有多少人执迷不悟，任那欲望无休止地膨胀下去，以致让生命超载呢？人往往都是这样，只有面临生死抉择的时候才大彻大悟，才感到生命比什么都重要。

芸芸众生，能坦然面对生命的少，能舍弃名利的更少，生活中不乏看重名利胜于生死者。人只有看透生死，才能看破名利的虚妄性。其实，生活未必都要轰轰烈烈，平平淡淡才是真。有的人认为，生命并不需要多彩多姿，只需要宁静安详。"云霞青松作我伴，一壶浊酒清淡心"，这种意境宁静悠然，像清澈的溪流一样富有诗意，不也很好吗？

生命在平淡中有平淡的美好，这是生活在激扬中的人所渴求不到的。活得激扬又如何呢？还不是一样要流向大海。只要有自己生活的境界，不见得要与别人共流。溪流虽小，载得动孩童的纸船；人生苦短，载不动太多的物欲和虚荣。生活本于平淡，归于平淡，而其中的热烈渴望其实是心灵的失落和迷茫。

善于及时调整自己

有一个人，是一名作家，他在某一段时期里感到有着非常强烈的创作欲望，不断地写出脍炙人口的作品来。在写作时，他会觉得思路顺畅，文字像是从脑海里蹦出来一样。这时候他写的东西就会优美感人，人物形象栩栩如生，使人读起来爱不释手。有一天，在他付出艰辛的努力终于写完一个长篇以后，他感到浑身轻松，然后预备写下一篇长篇小说。但他突然发现自己怎么也写不出东西来，尽管挖空心思，却收效不大，写出来的作品连自己也看不过去。也就是说作家忽然找不到感觉了，却不明白这是什么原因。

实际上，这是他的状态出了问题。当然，这同受外界的诱惑而导致的松懈完全不同，但这种状况又往往令人不明白，难以找到具体的原因。

但这并非绝对不可扭转，关键是不论在何种状况下，我们都应对自己的环境、心态、工作性质及周围的人等因素有个明确的了解，适当调整自己的情绪，改变一成不变的工作方法。这样，才可能扭转颓势，使自己重新找到良好的状态，保持不断进取的势头。

这位作家就是因为太投入紧张的工作和后来突然松懈形成了反差，导致心理上的疲软和过度紧张。这时候，他只要走出家门，去大自然中走一走，放松自己，在一段时间中完全不想写作上的事。当再次提笔时，他会发现自己的灵感恢复如初，写作起来也异常顺利。

这是调整状态的一种方法，即转移注意力。我们在连续工作和过度紧张的情况下，就容易造成工作效率及心理情绪的低下，因此有必要转移注意力，让自己的身体和心灵都得到休息、恢复。

而对于另一种人来说，情况则完全相反。这种人是在取得一定的成功后，变得自大、骄傲、自以为是，从而自然放松了进取的主动性和积极性。

他们满足于已经取得的成绩，认为自己用不着再像从前那样艰苦努力和辛勤劳作。因此，他们开始讲究享受，个性也变得狂傲不羁、颐指气使、高高在上。但是这种日子不会持续太长，到他突然发现自己坐吃山空、需要重新创业时，他会惊慌失措，迫不及待地重操旧业。

显然，这时候他们已找不到当初那种劲头十足、游刃有余的感觉，做什么事都会磕磕绊绊、极不顺利。这当然是由于身心的懈怠所致。

每个人在追求成功的道路上总会碰到许多走不通的路，在这时候，我们应当换个角度考虑问题，重新开始。成大事者的习惯是：如果这条路不适合自己，就立即改换方式，重新选择另外一条路。

我们经常这样形容那些顽固不化的人，说他是"一条路上跑到底，不撞南墙不回头"。这些人有可能一开始方向就是错误的，他们注定不会成就大事。南辕北辙、背道而驰固然不行，方向稍有偏差，也会差之毫厘，谬以千里。还有一种可能是当初他们的方向是正确的，但后来环境发生了变化，他们不适时调整方向，结果只能失败。

善于调整自己的人，不会允许自己出现这种松懈和失误。不管取得了什么样的成就，都会正确面对，心神宁静。

不要为任何的成功而骄傲自满，忘记了追求成功的艰辛和困苦；也不要为一时的挫折而垂头丧气，失去了重新战斗的勇气。只有这样，才能靠自己拯救自己。

好运气就是坚持不懈地追求

其实，所谓运气大概是有的，但是千万别依靠它。要想获得成功，必须有所追求，必须坚持不懈地追求。

从前，有一个人独自在山野之间行走，突然撞见一只老虎。他大吃一惊，本想大步飞奔，可是发现那只老虎伸出前掌，表情痛苦，好像有求于人。他慢慢走过去，仔细一看，原来虎爪的中心扎进了一个铁钉。他蹲下来，慢慢地把铁钉拔掉。

之后这人就回家了，以为事情也会到此结束。不料，有一天夜里，老虎拖来一只死鹿，放在他家门前，算是对他的报答。这人高兴极了，一只鹿可以卖不少钱。于是他辞掉了工作，什么事情也不做，在门口钉了一块招牌，写着"专为老虎拔刺"，然后天天坐在家里等生意上门。

可想而知，他一定会潦倒一生。

毫无疑问，这世界上有许多人，在偶然有一次好的机遇、占了很大的便宜后，就铭记在心，从此天天等待，等待下一次出现同样的好运。结果，最后一事无成。

只有头脑清晰的人才分得清偶然和必然的不同之处。人生百年，当然也有清水变鸡汤的时候，可是绝大多数的人若想喝鸡汤，到底还是先弯下腰来养鸡靠得住些。

哈鲁宾的故事将对我们有一些启示。

哈鲁宾大学毕业时，正值经济不景气、很难找到工作的年代。他来回奔走于银行与电影公司之间也得不到工作，后来好不容易得到了电器助听器的经纪人职位。虽然他知道这种工作极不安定，但也只能先做下去。接下来的两年中，他无可奈何地继续做这个工作。对他来说，工作一点儿也没有趣味，然而，干着干着，他终于发现，以前不知道的很多大好机会正等着他去捕捉呢。

心态的转变带来了工作的积极性，哈鲁宾不断提高的销售成绩，为竞争对手录音电话机公司的 A. M. 安德鲁社长所欣赏。不久，哈鲁宾就做了安德鲁录音电话机公司的助听部门的推销经理。

很快，哈鲁宾就被送到佛罗里达，在那里接受能否成为新开拓者的试验。哈鲁宾牢记着"不要气馁"的信条，以及监督经理常说的话："世界焦急地盼望着胜利者，对怠惰者是没有用的。"回到总社时，他被提升为副社长。这个地位一般至少也要十年努力才能得到，是一个值得自豪的高位，而他只用了六个月就得到了。

哈鲁宾的故事告诉我们：自己的地位自己可以调节。也就是说，得到高位还是留在原位，一切都在自己。

"二战"时，美国有位播音员想申请成为海军飞行员，但是屡次遭到拒绝，这个人就找到了罗斯福总统。

总统把承办此事的那个军官找了来，问拒绝他的原因。军官报告说：这个人曾因汽车失事伤过脚。罗斯福问道：他能走路吗？军官说：能。罗斯福就厉声对他说：那就让他飞吧，我不能走路，却能担任陆海空三军总司令。

是的，一个人能否有作为，关键是看他有没有执着如一的信念和拼搏的勇气，这些才是最重要的。否则，四肢再健全又有什么用呢？

同样，之所以逆境常常造就英才，并不是因为逆境给人们带来了好运，而是因为它没有带来好运但是激发出了人们对好运的更强烈的渴望，使得人们更加努力地奋斗。

千万不要为别人暂时所处的困境而幸灾乐祸，更不要讥笑别人生理上的缺陷或不足，那些做出惊天业绩的人，往往都是历尽坎坷而最终没有向命运低下头颅的人。

第九章 担当：不找借口，行动至上

在现实生活中，工作的好坏容不得任何借口，因为失败没有任何借口，人生也没有任何借口。所以，要想人生有所为，我们就要努力去行动、努力去工作，不要在没有完成工作时找任何借口，哪怕看似合理的借口。

不要把希望寄托在别人身上

有一个家喻户晓的民间故事，说的是一对夫妇晚年得子，十分高兴，把儿子视为掌上明珠，捧在手上怕摔了，含在口里怕化了，什么事都不让他干，以致儿子长大以后连基本的生活也不能自理。一天，夫妇二人要出远门，怕儿子饿死，于是想了一个办法——烙了一张大饼，套在儿子的颈上，告诉他想吃时就咬一口。等他们回到家里时，儿子已经饿死了。原来，他只知道吃颈前面的饼，不知道把后面的饼转过来吃。

这个故事未免过于讽刺，但现实生活中类似的现象也不能说没有，特别是如今大多数家庭都是独生子女，父母、爷爷奶奶、外公外婆都视之为宝贝，孩子的日常生活严重依赖亲人，造成长大以后生活自理能力极差。

某报曾载有个学生想出国留学，但该生一想到出国后没人给他洗衣、没人照顾他的生活就感到恐惧，最后只好放弃出国机会。很多学生长期由家长整理生活用品和学习用具，在生活和学习上离开父母就束手无策，只有少数学生偶尔做些简单家务，这种情况实在堪忧。目前，独生子女的教育如果不抓紧抓好，有些孩子很可能会养成依赖他人的习惯，甚至形成依赖型人格，从小的方面讲影响了个人的前途，从大的方面讲则是影响一代人的发展乃至整个国家的命运。

人应该是独立的。独立行走，使人脱离了动物界而成为万物之灵。当人跨进青春之门的时候，就开始具备了一定的独立意识，但对别人尤其是父母的依赖常常困扰着自己。依赖，是心理断乳期的最大障碍。随着身心的发展，人们一方面比以前拥有了更多的自由，另一方面却要担负起比以前更多的责任。面对这些责任，有些人感到胆怯，无法跨越依赖别人的心理障碍。依赖别人，就意味着放弃对自我的主宰，这样往往不能形成独立的人格。

如果在遇到问题时自己不愿动脑筋，人云亦云，或者盲目从众，那么你就失去了自我，失去了本应属于自己撑起一片天地的机会。

在学校，我们时常能看到几个学生凑成一帮娱乐嬉戏，这其中一定有一到两个"灵魂"人物，他们的依赖性较小，而其他几个学生的依赖性较强。依赖性强的学生喜欢和独立性强的同学交朋友，希望在他们那里找到依靠、找到寄托。学习上，这些学生喜欢让老师给予细心指导，时时提出要求，否则，他们就像断线的风筝，没有着落，茫然不知所措。在家里，他们一切都听父母摆布，甚至连穿什么衣服都没有自己的主张和看法。一旦失去了可以依赖的人，他们常常不知所措。

依赖心理主要表现为缺乏信心，放弃对自己大脑的支配权，没有主见，总觉得自己能力不足，甘愿置身于从属地位；总认为个人难以独立，时常祈求他人的帮助；处事优柔寡断，遇事希望父母或师长为自己做决定。具有依赖性格的学生，如果得不到及时纠正，发展下去有可能形成依赖型人格障碍。依赖性过强的人需要独立时，可能对正常的生活、工作都感到很吃力，内心缺乏安全感，时常感到恐惧、焦虑、担心，很容易产生焦虑和抑郁等情绪反应，影响身心健康。

那么，人为什么会在对别人的依赖中迷失自己呢？这是因为依赖的产生同父母过分照顾或过分专制有关。对子女过度保护的家长，一切为子女代劳，他们给予子女的都是现成的东西，孩子头脑中没有问题、没有矛盾，更没有解决问题的方法，自然时时处处依靠父母。对子女过度专制的家长一味否定孩子的思想，时间一长，孩子就容易形成"父母对，自己错"的思维模式，走上社会也觉得"别人对，自己错"。这两种教育方式都剥夺了子女独立思考、独立行动、增长能力、增长经验的机会，妨碍了子女独立性的发展。

要克服依赖心理，可从以下几个方面出招：

第一招，要充分认识到依赖心理的危害。要纠正平时养成的不良习惯，提高自己的动手能力，应多向独立性强的人学习，不要什么事情都指望别人，遇到问题要做出属于自己的选择和判断，加强自主性和创造性。学会独立地思考问题。独立的人格要求独立的思维能力。

第二招，要在生活中树立行动的勇气，恢复自信心。自己能做的事一定要自己做，自己没做过的事要锻炼着做。学会正确地评价自己。

第三招，丰富自己的生活内容，培养独立的生活能力。在学校中主动要求担任一些班级工作，以增强主人翁意识。这样能使我们有机会去面对问题，能够独立地拿主意、想办法，增强自己的信心。

第四招，多向独立性强的人学习。多与独立性强的人交往，观察他们是如何独立处理自己的一些问题的，向他们学习。同伴良好的榜样作用可以激发我们的独立意识，改掉依赖这一不良性格。

用心，一切皆有可能

　　生活没有什么不可能，只要你能不断地突破自己已知的范围，进入未知的领域，不达目的誓不罢休，不断地去寻找新的解决方法。那么，到底如何才能有效地突破自己呢？

　　答案很简单，就是让自己开始去做一些过去没有做过的事情、过去不敢做的事情。

　　如果你还在自己已知的范围内、熟悉的领域里打转的话，又怎么能够产生新的结果呢？别忘了，重复旧的行为只能得到旧的结果。

　　下面是一件很有趣的事。

　　在你快要下班的时候，爱人打来电话："还记得今天是什么日子吗？"你突然想起今天是自己的生日。

　　"我和孩子为你准备了丰盛的晚餐，我们一起过一个快乐的生日，请你早点回家。"你非常高兴，下班后拎上公文包，兴冲冲地往家赶。

　　在回家的路口，交通又阻塞了，警察告诉你："此路禁止通行。"那你该怎么办呢？当然是换一条路继续前进了。可是，这条路因为房屋拆迁也被封住了，任何人都甭想通过。

　　这时你有三种选择：第一，放弃回家；第二，坐在一边等待道路重开；第三，换道，去找另一条路。如果你不放弃回家的话，如果你不放弃对幸福快乐的追求，你不会考虑第一和第二个选择，你还会集中精力去寻找另一条回家的路。可是真不走运，这条路又不能通行，你该怎么办？

如果你不放弃回家的念头，你就肯定还会继续找第四条路前进；如果第四条路刚巧因火灾而封路，你就会去找第五条路；如果第五条路也因水浸而封了，你就会去找第六、第七和第八条路，直到回到家为止。

如果"回家"是你人生的最大目标，你就会一直尝试，不断地去找方法。即使爬回去，或者挖个地道钻过去，你都不会说："算了，没有办法，我就不回家了。"因为你知道，你的另一半和孩子还在家中苦苦等待着你。

没有办法只是说我们已知范围内的方法已经尽，只要我们能够不断地去尝试新的事物、新的方法，不断地去突破自我、改变自我，就不会有"不可能"。从今天开始，就将"不可能"这个词从你的字典中抹去。

没有不可能！

不可能是安于现状者的借口，不可能绝非事实，而是观点；不可能绝非誓言，而是挑战；不可能是发掘潜能，不可能绝非永远。

正视错误，不要去掩饰

通常，许多人在犯了错时总会不知所措，盘算着是否应把事实隐瞒下去。其实，犯错也是工作经验，勇于承认，更是鞭策自己的方法之一。

像罗斯福这样伟大的人物，也从来不怕承认自己所犯的错误。他还在纽约警备团第 18 中队当队长的时候，就显出了这种高贵的品性。

曾经和他在同一个队里待过的一个中尉说："当罗斯福带队练操的时候，他常常会在中途这样喊一声：'停一下！'他边喊边从裤袋里拿出一本教练手册来，当着全队所有人的面，翻到某一页，找出他所要找的内容来，认真读一遍，然后对我们说：'刚才我做错了一点，本来应当是这样做的。'像他这样极端诚恳的人实在不多。有时候，对他的这种行为我们常常忍不住笑出声来。"

在他当纽约市长的时候，在一次更为严重的情形中，他也显示出了这种特性。经过他提议和努力的一个议案在国会通过之后，他发现自己的判断错了，于是就勇敢而主动地承认了自己的失误。

"我感到很惭愧，"他当着所有国会议员的面承认说，"当我极力赞成这项议案的时候，我确实是有一点隐衷的，我不应当这样做。而我之所以会这样，部分原因是我的报答之心，部分是依从纽约人民的意愿。"

从这里我们可以看出，寻找借口为自己开脱，并不是罗斯福的习惯。相反，他能直率地承认自己的错误，并尽量去纠正它。

本杰明·富兰克林是美国历史上最能干、最杰出的外交官之一。

当富兰克林还是毛躁的年轻人时，一位教友会的老朋友把他叫到一旁批评他说："你真是无可救药，你已经打击了每一位和你意见不同的人。你的意见变得太尖刻了，使得没人承受得起。你的朋友发觉，如果你不在场，他们会自在得多。你知道得太多了，没有人能再教你什么。"他指出了富兰克林刻薄、难以容人的个性。之后，富兰克林察觉到了即将面临社交失败的命运，于是渐渐地改正了这一缺点，变得成熟、明智，一改以前傲慢、粗野的习性。

后来，富兰克林说："我立下规矩，绝不正面反对别人的意见，也不准自己太武断。我甚至不准自己在文字或语言上措辞太自主。我不说'当然''无疑'等，而改用'我想''我觉得'或'我想象'一件事该这样或那样。"这种方式使他渐渐成为事业的强者。

由此可见，错误是有教育意义的，人们可以从错误中得到经验与教训。一个小小的错误就可以警告人们避免犯大的错误。那些不肯承认自己做过错事的人，就失掉了这种避免犯大失误的宝贵经验，而以后就会继续犯这种错误。而最终的结果是他颓丧地坐下来，哀叹自己的悲惨命运。

芝加哥的医学专家玛威尔逊说："我宁愿让一个人犯错误，而不喜欢他为自己的错误找借口来回避责任，只要他第二次不犯同样的错误。借口是一种危险的东西，容易使人养成很坏的习惯。一个从不找借口逃避责任的人，虽然工作不一定都做得很好，但他总会尽力往好的方面去做。"

及时行动，全身心投入事业中去

全身心投入你的事业中去。假如它值得你去做，它也就值得你去研究。假如你不清楚某些具体情况，就多加观察，收集更多的资料，这也可以当作一种准备工作。它会给你一股力量去开始工作。你对自己的工作知道得越多，就越有兴趣。

大家或许知道，做事拖拉是一种毛病。如果你作为经理，你肯定不会喜欢做事拖拉的下属。然而，我们许多人都会不自觉地形成习惯，染上毛病，以致看见或者自我发生时都不以为然了。

然而，拖延时间却是一种极其有害的恶习。鲁迅先生说过：耽误他人的时间等于谋财害命。那么你呢？是否经常拖延时间？你也许已经讨厌这种毛病，并希望在生活中改变它了。但是，你总是没有将自己的愿望付诸切实的行动。其实，有了这样的想法而没有实施，这也是一种拖拉。

也许其中确实存有某种"原因"。

我们每个人都知道，拖延时间的确是一种不健康的行为，然而却很少有人能够说自己从不拖延时间。这本身就是一种无可奈何。其实，生活本身就是充满这样的哲理。并不是你喜欢这样做，你就会这样去做了。对大多数人来讲，拖延时间不过是让自己避免投身现实生活而采取的一种手段。

造成拖延恶习的原因有很多，其中的主要原因是缺乏信心，缺乏责任感、安全感，害怕失败，或无法面对一些有威胁性、艰难的事。潜意识也是导致人们拖延的因素。我们知道该做些什么事情，但当原因不明时，就无法去做。有的时候是因为某些潜意识的恐惧，拖住了我们行动的脚步。

　　停止拖延的最好时机就是现在。那么，就让我们现在开始改变自己吧！

将借口统统消除掉

有一个推销员，他以能够卖出任何东西而出名——他曾卖给牙医一支牙刷，卖给面包师一个面包，卖给瞎子一台电视机。但他的朋友对他说："只有卖给驼鹿一个防毒面具，你才算是一个优秀的推销员。"

于是，这位推销员不远千里来到北方，那里是一片只有驼鹿居住的森林。"您好！"他对遇到的第一只驼鹿说，"您一定需要一个防毒面具。"

"这里的空气这样清新，我要它干什么！"驼鹿说。

"现在每个人都有一个防毒面具。"

"真遗憾，可我并不需要。"

推销员说："您会需要一个的。"之后，他开始在驼鹿居住的林地中央建造一座工厂。

"你真是发疯了！"他的朋友说。

"不，我只是想卖给驼鹿一个防毒面具。"推销员说。

当工厂建成后，许多有毒的废气从大烟囱中滚滚而出，不久，驼鹿就来到推销员处对他说："现在我需要一个防毒面具了。"

"这正是我想的。"推销员说着便卖给了驼鹿一个防毒面具。"真是个好东西啊！"推销员兴奋地说。驼鹿说："别的驼鹿现在也需要防毒面具，你还有吗？"

"你真走运，我还有成千上万个。""可是你的工厂里生产什么呢？"驼鹿好奇地问。"防毒面具。"推销员兴奋而又简洁地回答。

这虽然是个笑话，却给我们上了生动的一课。在生活和工作中，有很多事情不是不可能，关键在于我们有没有努力地开动我们的脑子去想，并且是不是最终将脑海中的想法付诸实践了。是的，当面对困难的时候，当面对挫折的时候，不要给自己找任何借口，告诉自己一定能够战胜这些困难，告诉自己别人能够做到的自己只要掌握了关键的技巧，也一定能行的。在艰难困苦中，只要你拥有这样一种不找任何借口的心态，那么至少你在成功的道路上又向前迈进了至为关键的一步。

找借口是一种不好的习惯，一旦养成了找借口的习惯，你的工作就会拖沓、没有效率。抛弃找借口的习惯，你就不会为工作中出现的问题而沮丧，甚至你可以在工作中学会大量的解决问题的技巧，这样借口就会离你越来越远，而成功离你越来越近。

人的习惯是在不知不觉中养成的，是某种行为、思想、态度在脑海深处逐步成形的一个漫长的过程。因其形成不易，所以一旦某种习惯形成了，就具有很强的惯性，很难根除。它总是在潜意识里告诉人们，这个事这样做，那个事那样做。在习惯的作用下，哪怕是做出了不好的事，人们也会觉得是理所当然的。特别是在面对突发事件时，习惯的作用表现得更为明显。

比如说寻找借口。如果在工作中以某种借口为自己的过错和应负的责任开脱，第一次可能你会沉浸在借口为自己带来的暂时的舒适和安全之中而不自知。但是，这种借口所带来的"好处"会让你第二次、第三次为自己的过失去寻找借口，因为在你的思想里，你已经接受了这种寻找借口的行为。不幸的是，你很可能会形成一种寻找借口的习惯。这是一种十分可怕的消极的心理习惯，它会让你的工作变得拖沓而没有效率，会让你变得消极而最终一事无成。

如果你留心观察一下那些拖延时间的人，就不难从他们的言语之中找到一些共同的词语——"或许""希望""但愿"——这3个小词构成了拖延时间者的心理支撑系统，并成为他们不愿去做某事的理由。而"希望""但愿"无异于童话故事中的梦想，完全是浪费时间。无论他们怎样"希望"或"但愿"，对他们的现实生活都无济于事，他们只不过是在为自己寻找一种不愿从事生活中某一重要活动的借口而已。例如，我们可以听到他们说：

"我希望问题会得到解决。"

"但愿情况会稍好一些。"

"或许问题不太大。"

而事实上，问题并没有得到解决，情况也没有好转。对于我们每个人来讲，只要我们具有一定的决心和毅力，就可以实现自己的各种意愿。然而，如果我们总是将事情推迟到"未来"这一时间，那么就是在逃避现实、怀疑自己，甚至是在欺骗自己。拖延时间的心理会使我们在现实中更加懦弱，并不断产生幻想，总希望情况会如己所愿——有所好转，但事实并非如此。

利用"曲线"获得成功

　　维斯卡亚公司是 20 世纪 80 年代美国最著名的机械制造公司。公司的丰厚待遇对众多的人才产生着诱惑。但由于竞争的残酷以及公司的对外保守，使得几乎所有的应聘者都扫兴而归。但史蒂芬是个例外。

　　史蒂芬是哈佛大学机械制造专业的高才生，但和许多人的命运一样，在该公司每年一次的用人测试会上被拒之门外。史蒂芬并没有死心，他发誓一定要进入维斯卡亚机械制造公司。于是他采取了一个"瞒天过海"的策略——假装成清扫工。

　　他先找到公司人事部，提出可为该公司无偿提供劳力，请求公司分派给他任何工作，他都会不计报酬地来完成。公司起初觉得这简直不可思议，但考虑到不用任何花费，也用不着操心，于是分派他到车间清扫废铁屑。

　　一年来，史蒂芬勤勤恳恳地重复着这种简单劳累的工作，为了糊口，下班后他还要去酒吧打工。这样，虽然得到老板及工人们的好评，但仍然没有一个人提到录用他的问题。

　　20 世纪 90 年代初，公司的许多订单纷纷被退回来，理由均是产品质量问题，为此公司将蒙受巨大的损失。公司董事会为了应对危机，紧急召开会议商讨对策。会议进行一大半仍未见眉目时，史蒂芬闯入会议室，提出要直接见总经理。

　　在会上，史蒂芬把对这一事情出现的原因做了令人信服的解释，并就技术上的问题提出了自己的看法，随后拿出了自己对产品的改造设计图。这个设计非常先进，恰到好处地保留了原来机械的优点，同时克服了已出现的弊病。

总经理及董事会的成员见到这个编外清扫工如此精明在行，便询问他的背景以及现状，之后，史蒂芬当即被聘为公司负责生产技术问题的副总经理。

原来，史蒂芬在做清扫工时，利用清扫工到处走动的特点，细心察看了整个公司各部门的生产情况，并一一做了详细记录，发现了所存在的技术性问题并想出解决的办法，为此他用了近一年的时间搞设计，获得了大量的统计数据，为最后一展雄姿奠定了基础。

万丈高楼平地起，做事往往既要大处着眼，又要小处着手。但当无法直接取得成功时，不妨学一学史蒂芬，不埋怨，不找借口，借由"曲线"行动方案，绕道而行，最终获得成功。

"职业"和"事业"，你要认清楚

伟大的发明家爱迪生，几乎每天在他的实验室里辛苦工作18个小时，在那里吃饭、睡觉。可是，他丝毫不以这种生活为苦。为什么？因为他把人生的职业选择和事业奋斗的方向巧妙地重叠在了一起。

其实，职业和事业并不是一回事：职业仅仅是一种谋生的手段，而事业则是人实现自我价值的途径。有些人之所以不成功，就是因为把二者完全混为一谈了。

布朗先生是美国有史以来最成功的电影制片人之一。但是，他却被三家大公司革过职，生活几度潦倒不堪。

最初在故乡 N. 弗洛姆文化出版公司时，他凭着自己过人的艺术才干和不拘一格的文化经营胆略，仅用两年时间就坐到了公司的第三把交椅上，时年仅25岁。可是，因为一套全国农机企业营销网络丛书出版受挫，他与公司其他高层人士意见不合，最后被迫愤而离职。

在纽约，在新阿美利坚文库刚结束试用期的他，一跃升任为编撰部副总裁，令其他同人惊羡不已。可是，几位"东家"一年后又延聘了一位财大气粗的圈外人加盟，而他和这个人在文库的艺术追求等大方向问题上，常常意见相左。不久，他又"因故"被辞退了。

回到加利福尼亚以后，他又进入了闻名遐迩的二十世纪霍士公司，在管理高层先后任职6年。但是，由于董事会不喜欢他建议并主持拍摄的诸如《埃及妖后》等多部大制作影片，他再次被迫离职。

此后，布朗先生开始仔细回顾和检讨自己十多年来的职业生涯——坦率地说，他的视野开阔、他的思想活跃、他的任人唯贤、他的秉公直言以及他的擅凭直觉行事，这些与生俱来的高贵品质、卓越胆识和艺术修养，无疑是成为美国乃至全球新娱乐时代一位成功老板的宝贵要件。可是，有哪一家公司真正需要他这样的老板呢？

布朗痛苦地分析出了自己打工每每失败的根源之所在后，毅然决定贷款30万美元，开始自立门户。很快，他就拍摄出《大白鲨》《裁决》《天茧》等一系列巨片，带给美国和世界影坛一次又一次震撼。

在职业的道路上，布朗是个屡战屡败的公司行政人员；在事业的奋斗中，布朗却成为了一位成功的企业家、出色的大老板。也许很多人会对此感到奇怪，其实这是再合理不过的事情了：因为他的职业选择和事业追求合二为一了。

那些能够取得巨大成功的人，都是能够把自己的才干、兴趣、个性、处世风格与卓越的人生价值追求有机地融为一体的人。如果你也能像爱迪生和布朗那样，使职业和事业达到完美的统一，那就一定能取得最大的收获。

找准真正属于自己的行业

许多成就卓著的人士，他们的成功首先得益于他们能充分了解自己的长处，并根据自己的长处来进行定位或重新定位，最终找准了真正属于自己的行业。

有些人并不了解自己的长处在哪里，而是只凭自己一时的兴趣和想法来选择行业，结果就会发生失误。对此，每个人千万不能掉以轻心。

所谓"条条大路通罗马"，人生的路原本有很多条，但并不是任何一条路都是最适合自己的。那些只经过一次性选择就获得成功的人当然很幸运，因为这是出于个人的兴趣、爱好和毅力，并且把握了"自知之明"。像贝多芬、莫里哀、梅兰芳等人，就属于这类为数不多的幸运者。

但是，对于更多的人来说，却并不是一下子就能认清自己的本质，选准努力的方向。人们只有经过社会实践的磨炼之后，才能逐渐找到适合自己的行业。

古今中外，经过重新给自己定位而取得令人瞩目的成就的名人十分多：

著名诗人艾青，本来在法国学的是绘画，只是随手在速写本上记下了几句灵光乍现的诗句，却在偶然间被一位诗人看到了，自作主张地寄给一家杂志，那首诗竟被发表了。这才使艾青认识到了自己的诗才，从而登上文坛。

作家冯骥才在步入文坛之前，曾是一名专业球队的职业球员，球艺一般；后又去学画，也没有成果。但他在学画时偶尔也写些东西，终于发现自己擅长文学。此后，他一气呵成，写出了成名作《义和拳》。

阿西莫夫是一位科普作家，也是一位自然科学家。他的成功，同样得益于对自己的再认识、再发现。一天上午，当他坐在打字机前打字的时候，突然意识到："我不能成为第一流的科学家，却能够成为第一流的科普作家。"于是，他几乎把全部精力都放在了科普创作上，终于使自己成为当代世界最著名的科普作家。

伦琴原来是学工程科学的，后在老师孔特的影响下，做了一些物理实验。由此他逐渐体会到，这就是最适合自己干的行业。后来，他果然成了一位很有成就的物理学家。

法国生物学家拉马克，更是接触过多种职业后才开始进入科学领域的。他本来准备当牧师，后来步入军界，走出军界后又做了银行职员，这期间他又研究音乐和医学。后在一次植物园的散步中，他幸运地碰到了卢梭。从此，他才进入了令自己大有用武之地的生物科学界。

现在许多人都在自己并不喜欢甚至厌恶的岗位上工作着，干自己并不愿意干的工作。所以，与其折磨自己，空耗人生，倒不如早做决断，另起炉灶。这样你就会更容易获得成功。

让自己比别人更敬业

现在一个人 10 年换 6 次工作都很常见，但 1966 年的华尔街完全不像现在这样。那时的人并不跳来跳去，人们常常把自己的一生和某个公司联系在一起。

从布隆伯格被所罗门公司录用的那一刻起，他就认为自己是一个"所罗门"人了。许多大公司贪求与众不同的门第、风格、语音和常春藤联校的教育背景，而所罗门更看重业绩，鼓励实干，容忍异议，对博士生和中学辍学生一视同仁，这令布隆伯格感到很适应，他觉得这里正是适合他的地方。

那时的职员都接受雇主的保护，这是因为，在那时的华尔街，重要的是组织而不是个人。

当时的布隆伯格认为：如果你能进入一个投资银行公司——对不是创始家族的继承人来说，可不是一件容易事，你会把它看成是终生的职业。你会一直干下去，最终成为一名合伙人，然后在年纪很大时死在一次商务会议当中。

布隆伯格说："我永远热爱我的工作并投入大量时间，这有助于我的成功。我真的为那些不喜欢自己工作的人感到惋惜。他们在工作中挣扎，活得也不快活，最终业绩很少，这令他们更加憎恶他们的职业。而我不同，在这短短的一生中有太多令我愉快的事情去做，平日不早起就干不过来。"

布隆伯格每天很早到公司，除了老板比利·所罗门，比其他人都早。如果比利要借个火儿或是谈体育比赛，因为只有布隆伯格在交易室，所以比利就跟他聊。

布隆伯格26岁时成了高级合伙人的好朋友。除了高级主管约翰·古弗兰德，布隆伯格常是最晚下班的。如果约翰需要有人给大客户们打个工作电话，或是听他抱怨那些已经回家的人，只有布隆伯格在他身边。布隆伯格可以不花钱搭他的车回家，他可是公司里的二号人物。

布隆伯格认识到："使我自己无所不在并不是个苦差事——我喜欢这么做。当然了，跟那些掌权的人保持一种亲密的工作关系也不大可能有损我的事业。我从来不理解为什么其他人不这么做——使公司离不开他。"

他在研究生院第一年和第二年之间的那个夏天为马萨诸塞州剑桥镇哈佛广场的一个小房地产公司工作，他也是早来晚走的。学生们到城里来就是为了找一个9月份可以搬进去的地方。他们总是急三火四的，想尽快回去度假。

布隆伯格早晨6点30分去上班。到7点30分或8点的时候，所有来剑桥的可能租房的人已经给公司打电话，想跟接电话的人定好看房时间了。他当然就是唯一一个来这么早接电话的人，那些给这个公司干活的成年"专职"们（他只是"暑期打工仔"）在9点30分才开始工作。于是，每天当一个接一个的人进办公室找布隆伯格先生时，他们坐在那里感到很奇怪。

伍迪·艾伦曾说过：80%的生活是仅仅在露面而已。布隆伯格非常赞赏这句话。他说："你永远不可能完全控制你身在何处。你不能选择开始事业时的优势，当然更不能选择你的基因或智力水平。但是你能控制自己工作的勤奋程度。我相信某地有某人可以不努力工作就聪明地取得成功并维持下去，但我从未遇见过他（她）。你工作得越多，你做得就越好，就是那么简单。我总是比其他人做得多。"

当然，布隆伯格并没有因为工作而影响了自己的生活。他说："我不记得曾因工作太忙或我太专注于工作而耽误了晚上或周末的娱乐。我跟女孩们的约会，以及我去滑雪、跑步和参加聚会的次数比别人都多。我只是保证 12 个小时投入工作，12 个小时去娱乐——每天如此。你努力得越多，你就拥有越多的生活。"

　　无论你的想法是什么，你必须为实现它而比其他人干得更多——如果你把工作当成一种乐趣，那它就是一件比较容易的事。奖赏几乎都是给那些比别人干得多的人。你投入时间并不能保证你就会成功，但如果你不投入，结果就肯定不会成功。

运气偏爱努力工作的人

人们常常引用苹果落在牛顿头上，使得他发现"万有引力定律"这一例子来说明所谓纯粹偶然事件在科学发现中的巨大作用。但人们却忽视了一个事实，那就是，多年来，牛顿一直在为重力问题苦苦思索。在这一漫长的过程中，牛顿思考了该领域内的许多问题及其相互之间的联系。可以说，关于重力问题的一些极为复杂深刻的问题他都反复思考推敲过。苹果落地这一常见的日常生活现象之所以为常人所不在意，而能激起牛顿对重力问题的理解，能激起他灵感的火花并进一步做出异常深刻的解释，很显然，是因为牛顿对重力问题已有了深刻的理解。因此，成千上万个苹果从树上掉下来，却很少有人能像牛顿那样发现这样深刻的定律。

同样，从普通烟斗里冒出来的五光十色的像肥皂泡一样的小泡泡，在常人眼里就跟空气一样普通，当然也很少有人去研究这一现象，但正是这一现象使杨格博士发现了著名的光干扰原理，并由此发现了光衍射现象。人们总认为伟大的发明家总是论及一些十分伟大的事件或伟大的奥秘，其实，像牛顿和杨格以及其他许多科学家研究的都是一些极普通的现象，他们的过人之处在于能从这些人所共见的普遍现象中揭示其内在的、本质的联系。

所罗门说过："智者的眼睛长在头上，而愚者的眼睛是长在脊背上的。"只有那些富有理解力的人才能透过事物的表象，深入到事物的内在结构和本质之中，看到它们之间的差别，进行比较，抓住潜藏在表象后面的更深刻、更本质的东西。在伽利略之前，很多人都看到悬挂着的物体会有节奏地来回摆动，但只有

212

伽利略从中发现了有价值的东西。比萨教堂的一位堂守在给一盏悬挂着的油灯添满油之后，就离去了，听任油灯来回荡个不停。伽利略，这时是一个18岁的年轻人，出神地看着油灯荡来荡去，由此想出了一个计时的主意。此后，伽利略经过50年的潜心钻研，才成功地发明了钟摆，这一项发明对于精确地计算时间和从事天文学研究具有十分重大的作用。即便在今天，无论我们怎样来估计它的作用也不会过分。有一次，伽利略偶然听到一位荷兰眼镜商发明了一种仪器，借助这种仪器，能清楚地看清远方的物体。这促使伽利略认真研究这一现象背后的原理，使他成功地发明了望远镜，从而奠定了现代天文学的基础。以上这些发明，绝对不可能由那些漫不经心的观察家或无所用心的人创造出来。

有些人走上成功之路，的确归功于偶然的机遇。然而，就他们本身来说，他们确实具备了获得成功的才能。

许多人相信掷硬币碰运气，而且认为事业的成功也大都这样。但好运气似乎更偏爱那些努力工作的人。没有充分的准备和大量的汗水，一个好的机会就会眼睁睁地从手边溜走。

也正因为如此，现实生活中有许多发现和发明看起来是纯属偶然，其实，仔细探究就会发现，这些发现和发明绝不是什么偶然得来的，不是什么天才灵机一动或凭运气得来的。事实上，在大多数情形下，这些在常人看来纯属偶然的事件，不过是从事该项研究的人长期苦思冥想的结果。也就是说，纯粹的偶然性虽以偶然事件的形式表现出来，但它其实也是在不断实验和思考之后所必然出现的一种形式。